POCHES ODILE JACOB

# POURQUOI LE MONDE EST-IL MATHÉMATIQUE ?

JOHN D. BARROW

# POURQUOI LE MONDE EST-IL MATHÉMATIQUE ?

*Traduit de l'italien par*
*Béatrice Propetto Marzi*

Odile Jacob
poches

L'édition originale de cet ouvrage a été publiée en langue italienne
aux Éditions Laterza, à Rome et Bari,
avec la coopération de la Fondation Sigma Tau, sous le titre :
*Perché il mondo è matematico ?*
L'édition française a été réalisée par l'intermédiaire
de l'Agence littéraire Eulama.


15, RUE SOUFFLOT, 75005 PARIS

www.odilejacob.fr

ISBN : 2-7381-1242-0
ISSN : 1621-0654

*À Elizabeth*

# Avant-propos

Le présent ouvrage a pu voir le jour grâce à l'initiative de la Fondation Sigma-Tau qui a organisé, dans des universités italiennes, des cycles de conférences ouvertes au public sur des sujets dignes d'intérêt pour nos contemporains. Certaines conférences ont abordé des questions ayant trait à la science ou à la philosophie, d'autres, comme les miennes, ont tenté de montrer les imbrications de maints aspects des deux disciplines.

Édité chez Laterza, partenaire de la Fondation Sigma-Tau à cette occasion, cet ouvrage regroupe les trois conférences données les 11, 12 et 13 décembre 1991 à l'université de Milan, dans le cadre du cours de Philosophie de la Science, sur la spécificité et la signification des mathématiques. J'ai très peu remanié les textes destinés à la publication afin de conserver leur concision et de les rendre accessibles aux lecteurs qui ne possèdent pas forcément de formation mathématique ou scientifique. Ils traitent non seulement des récents progrès intervenus dans l'étude des systèmes complexes et chaotiques, mais aussi de l'apparition des façons de compter et des premiers mots utilisés pour désigner les nombres dans les cultures primitives et durant l'Antiquité, ainsi que des différentes positions qu'ont pris les philosophes sur la nature, l'omniprésence et l'utilité des mathématiques.

Je tiens à remercier tous ceux qui ont participé à l'organisation de mes conférences et au travail préparatoire à leur publication. Ma reconnaissance s'adresse tout particulièrement à Lorena Preta, Pino Donghi, Carlo Lauretti, Alessandra Papi et Antonia Di Girolamo de la Fondation Sigma-Tau ; Enrico Mistretta et Alessandro de Lachenal chez Laterza ; au professeur Paolo Mantegazza, recteur de l'université de Milan, qui a soutenu l'initiative avec enthousiasme, et au professeur Giulio Giorello, qui a veillé à son bon déroulement sur place. Je remercie enfin tous ceux qui ont assisté aux séances et qui, par leurs questions et les débats qu'elles ont suscités, m'ont permis de parfaire mes connaissances du sujet qui nous intéresse ici.

JOHN D. BARROW

## CHAPITRE PREMIER

# Orientations et réflexions

> « La métaphysique est un restaurant qui propose un menu de trente mille pages, et rien à manger. »
>
> ROBERT PIRSIG

Le plus mystérieux dans l'Univers, c'est justement qu'il n'y a pas de mystère. Nous savons comment il fonctionne et pouvons prévoir tant de phénomènes que si un simple sujet du Moyen Âge revenait vivre parmi nous, il nous prendrait pour des magiciens. Nous sommes parvenus à percer le secret de l'Univers parce que nous avons découvert dans quelle langue le grand livre de la Nature semble avoir été écrit. Cette langue – Galilée l'avait proclamé haut et fort il y a plus de trois siècles –, c'est celle des mathématiques. Nous nous sommes aperçus que, quel que soit le domaine concret observé, la langue mathématique s'adapte à merveille à la nature du monde et à son fonctionnement. Aucun phénomène découvert n'échappe à son pouvoir de description. Il existe bien sûr des domaines où il serait inapproprié de l'appliquer – qui songerait à dire qu'une symphonie de Beethoven n'est qu'une certaine variation mathématique ou une combinaison de vibrations et de temps ? – mais il n'en existe aucun où il ne soit pas possible de le faire. Les scientifiques trouvent cela tellement évident qu'ils ne se posent même plus ces questions : « Pourquoi les mathématiques fonctionnent-elles ? Pourquoi décrivent-elles de façon si précise, si complète et universelle la marche du monde ? » Il leur est arrivé plus d'une fois de voir comment une obscure formule, concoctée il y a des centaines d'années par pur plaisir de l'esprit, pouvait parfaitement décrire les plus récentes découvertes sur la structure des particules élémentaires de l'infiniment petit ou celles des étoiles et des galaxies dans l'infiniment grand. Alors comment se fait-il que des mathématiques aussi imaginatives s'avèrent si incroyablement efficaces quand elles décrivent le monde ? Voilà quelques-uns des problèmes que nous aborderons lors de ce bref cycle de conférences. Avant d'élucider le mystère et d'examiner les réponses dont nous disposons, il faudra d'abord essayer de parvenir à une compréhension plus fine et plus intime de la spécificité des mathématiques. Nul doute, elles sont assez uniques en leur genre. Imaginez un instant, vous arrêtez un historien (ou un biologiste) dans la rue et lui demandez de définir l'objet de ses recherches. Il vous répondra sans difficulté. Consultez n'importe quel manuel d'histoire (ou de biologie), vous verrez qu'on explique dès la première page de quoi il s'agit. Mais demandez à un mathématicien : « Qu'est-ce que les mathématiques ? », il sera incapable de vous donner une définition. Vous aurez beau lire tous les manuels, suivre tous les cours que vous voulez à l'université, vous ne serez pas plus avancé.

Lorsque nous nous interrogeons sur la vraie nature des différents aspects du savoir humain et sur son mode d'acquisition, nous entrons dans le domaine de la philosophie (dont le champ d'application dépasse d'ailleurs le savoir mathématique) et là, nous nous heurtons aussitôt à de profondes divergences de points de vue. On trouve, d'un côté, ceux qui sont convaincus que les mathématiques naissent dans l'esprit de l'être humain, et de l'autre, ceux qui croient qu'elles lui sont extérieures. Les premiers pensent que l'homme a inventé les mathématiques pour s'en servir utilement quand il doit décrire les phénomènes qui se produisent autour de lui, ce que font les mathématiciens ; les seconds considèrent qu'on ne fait que découvrir les mathématiques, qu'elles étaient déjà là, « quelque part », et qu'elles y seraient même si les mathématiciens n'existaient pas. Nous examinerons en détail, au troisième chapitre, ces doctrines philosophiques, et bien d'autres. Mais avant de commencer à adapter le monde évolué des mathématiques de notre époque aux analyses philosophiques disponibles, il serait bon de chercher à comprendre d'où viennent ces fameuses mathématiques. Comment est née l'intuition du « nombre » ? Est-ce qu'on la retrouve dans toutes les sociétés humaines ? Est-elle apparue spontanément en de nombreux endroits à la fois ou bien s'est-elle manifestée après une gestation lente et difficile chez une poignée d'individus qui auraient ensuite transmis leur savoir aux autres ? Il est important de répondre à ces questions pour évaluer à quel point l'esprit humain est naturellement prédisposé à recevoir les idées mathématiques, comme le prétendent psychologues et philosophes.

Revenons à l'image de la langue mathématique introduite par Galilée. On aura vite compris qu'il s'agit d'une langue plutôt insolite. Elle ne ressemble à aucune langue vivante connue. Elle s'apparenterait plus au langage informatique, à cause de sa logique incorporée, qu'au français ou à l'anglais. Nous savons bien que l'on peut prendre certaines libertés avec la langue – ne pas respecter les règles de grammaire ou de syntaxe –, on parviendra quand même à se faire comprendre. Mais si l'on ne respecte pas les règles du langage mathématique, tout est faussé. Car il suffit d'introduire un seul élément illogique dans n'importe quel système logique pour démontrer tout et son contraire.

Une autre caractéristique fascinante du langage mathématique, c'est sa capacité à penser tout seul. Nous nous efforçons sans cesse de faire entrer dans la tête des étudiants qu'il est très important de *réfléchir* pour comprendre certaines choses, et progresser. Je dois cependant vous avouer que, dans un sens, le savoir humain a accompli ses plus grandes avancées parce que l'on a inventé comment faire certaines choses sans trop y penser. On se contente d'adopter une procédure qui possède des caractéristiques intrinsèques établies une fois pour toutes et chaque fois que nous l'appliquons, nous n'avons pas besoin de nous tracasser : la procédure avance toute seule.

C'est la même chose avec les mathématiques. Chaque fois que nous les utilisons, nous pouvons être sûrs que même les opérations les plus compliquées seront effectuées automatiquement. Les mathématiques sont un soutien de la pensée : une extension de nos capacités mentales.

Comparons-les à d'autres activités intellectuelles dans l'art ou la littérature. Elles n'ont rien de commun. En mathématiques, les découvertes multiples sont très courantes. Il arrive souvent, en effet, que des mathématiciens éloignés les uns des autres dans l'espace et le temps, formés dans des contextes économiques et politiques complètement différents, fassent les mêmes découvertes. Une chose pareille est inconcevable dans l'art. Vous imaginez-vous deux dramaturges différents écrire le même *Hamlet* ou deux librettistes différents le même *Nabucco* ? Il est aussi très courant de voir des mathématiciens ou des scientifiques travailler ensemble quand ils font de la recherche. Bien des articles et ouvrages publiés sont le fruit d'une réflexion collective. Le fait est plus rare dans la création artistique. En pareil cas, les compétences de chacun sont bien compartimentées. Par exemple, dans les opérettes de Gilbert et Sullivan [1], le premier écrivait le livret et le second, la musique. Tout cela pour dire qu'on a l'impression que les mathématiques possèdent une certaine dose d'objectivité, totalement ou partiellement indépendante de

1. Sir William Schwenck Gilbert (1836-1911) était librettiste et dramaturge, et sir Arthur Seymour Sullivan (1842-1900), compositeur. (*N.d.T.*)

l'esprit humain. Les œuvres d'art, au contraire, possèdent cette qualité essentielle d'être subjectives, personnelles : nous les trouvons fascinantes et magiques justement parce qu'elles reflètent le caractère unique de la créativité chez l'être humain.

Si nous cherchons les origines des nombres dans les livres d'histoire, nous ne trouverons pas grand-chose. Comme pour la langue, l'utilisation des nombres est apparue avant la naissance de l'écriture et leurs vraies origines se perdent dans la nuit des temps. Il n'en reste aucune trace écrite. De plus, nous sommes confrontés à d'autres écueils, tels que la persistance d'idées saugrenues. L'histoire de l'utilisation des nombres et de l'intérêt que leur a porté l'humanité est passée de la fascination pour la numérologie à celle pour la numération. En numérologie, étude divinatoire qui a encore ses adeptes aujourd'hui, les nombres sont une forme de représentation symbolique de l'Univers, à l'intérieur duquel ils ont une signification qui ne peut être révélée que par leur juste interprétation. Certains nombres portent « bonheur », d'autres portent « malheur », d'autres encore ont une signification religieuse, etc. Mais le mathématicien se différencie du diseur de bonne aventure dans la mesure où lui n'accorde pas de sens profond aux nombres en tant que tels, mais bien aux relations qu'ils ont entre eux. En parcourant l'histoire récente des mathématiques, on rencontre fréquemment les concepts de « transformation », « fonction », « corrélation », « programme », « symétrie » et « algorithme » : tous expriment les notions de changement de forme et de relation entre nombres et symboles différents. Ce déplacement du centre d'intérêt, de la numérologie à la numération, marque le passage de l'ancienne représentation hermétique de l'Univers qui le considérait comme un ensemble de signes mystérieux à décoder, à la notion moderne de causalité selon laquelle la « signification » des choses ne se trouve que dans leurs propres relations à d'autres choses à l'intérieur de schémas ordonnés et prévisibles.

Bien qu'à notre époque l'approche numérologique ne fasse plus partie de l'activité des mathématiciens, même si elle continue de faire les beaux jours de certaines professions, il existe encore d'intéressants exemples de correspondance entre les idées mathématiques et la vision du monde au sens large. Au début du XIX^e siècle, on était persuadé que la géométrie plane euclidienne (celle que nous apprenons à l'école) n'était pas qu'un simple exercice de logique ou une belle invention de l'homme : elle représentait le monde tel qu'il était réellement. Pendant des siècles, apôtres de la foi et philosophes avaient tenu notre connaissance de la géométrie euclidienne pour une preuve de la possibilité qu'avait l'être humain d'accéder à la vérité absolue, de pénétrer, au moins en partie, l'esprit de Dieu. La géométrie euclidienne allait ainsi constituer le subtil fondement de la croyance dans les valeurs absolues. Toutes sortes de valeurs absolues. Plus tard, au cours du siècle, des mathématiciens comme Lobatchevski, Gauss et Bolyai s'aperçurent qu'il était possible d'imaginer d'autres systèmes de géométrie dotés de leur propre cohérence, mais radicalement différents de la géométrie classique sur un point essentiel : ils se passaient du fameux « postulat » des droites parallèles (« Par un point situé hors d'une droite, il passe une parallèle à cette droite, et une seule »). Sur une surface courbe, la plus courte distance entre deux points n'est pas une ligne droite mais une courbe et, dans ce cas, le « cinquième postulat » d'Euclide n'est pas vrai. La découverte que la géométrie classique n'était en fait qu'un système parmi d'autres causa un profond trouble. De nombreux philosophes, voire des mathématiciens, lui opposèrent au début une farouche résistance en maintenant que seule la géométrie euclidienne pouvait vraiment décrire la réalité du monde. Mais était-ce bien vrai ? La géométrie de la surface courbe de la Terre n'était sûrement pas euclidienne. Et, comble d'ironie, en 1916, Einstein fit la démonstration que la géométrie de l'Univers n'était pas du tout euclidienne et qu'elle semblait l'être uniquement lorsque le point d'observation était restreint, exactement comme la surface de la Terre semble plate sur de très petites distances.

La découverte des géométries non euclidiennes ébranla profondément la foi dans la vérité absolue. La géométrie classique ne pouvait plus être cet exemple parfait de vérité absolue que l'esprit humain aurait réussi à capter. Peu à peu le terme « non euclidien » entra dans l'usage courant comme synonyme de « relatif ». On publia des livres d'« économie non euclidienne » et d'« anthropologie non euclidienne » soutenant que les démocraties libérales et la civilisation occidentale sont des cultures tout simplement différentes des autres mais pas forcément supérieures. Plus tard, la notion de relativité allait connaître ses heures de gloire avec l'élaboration des nouvelles logiques. Comme cela s'était produit avec la géométrie, la logique classique fondée par Aristote avait été définie une fois pour toutes comme une description des « lois de la pensée humaine » : il ne pouvait en être autrement. Mais l'étude systématique de cette logique montra qu'il était possible d'inventer d'autres logiques dans lesquelles la vérité d'une proposition ne se caractérisait pas forcément par l'attribution de deux valeurs (vraie ou fausse). On pouvait, au contraire, lui en attribuer trois : vraie, fausse, ni vraie ni fausse (ou « indécidable »), voire un grand nombre de valeurs différentes. Cette évolution des mathématiques entraîna, comme lors de la découverte des géométries non euclidiennes, une érosion progressive de la traditionnelle foi dans le caractère absolu du savoir humain.

L'utilité des mathématiques est une question qui laisse perplexe. D'un côté, nous avons une image du monde réel constitué de choses concrètes, de l'autre, celle du monde des idées mathématiques (figure 1).

Il existe des liens entre les deux mondes, au sens où des phénomènes et des objets du monde « réel » peuvent être représentés par une abstraction mathématique. À l'inverse, le monde mathématique regroupe des notions abstraites de quantité et d'espace qui trouvent une matérialisation dans le monde « réel ». Cette image soulève une foule de questions. Les deux mondes sont-ils effectivement comparables ? Sont-ils vraiment distincts ? Et si oui, existe-t-il des objets du monde réel qui ne peuvent être représentés par une abstraction mathématique et, à

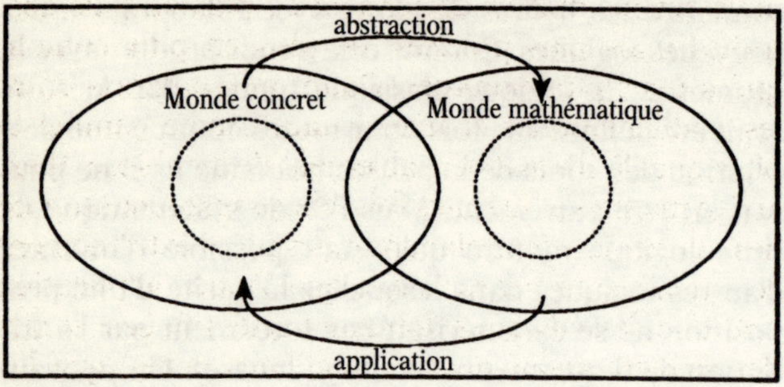


Figure 1. *Le mystérieux circuit des connexions entre le monde des choses concrètes et le monde mathématique des idées abstraites, des géométries, des nombres et des logiques. Nous vivons dans un monde matériel rempli de phénomènes pouvant servir de fondement aux lois et idées abstraites du monde mathématique ; ceux-ci peuvent à leur tour s'appliquer aux choses ou phénomènes particuliers du monde concret. Quoi de plus passionnant alors que de chercher à savoir s'il existe quelque chose de ce monde matériel qui ne pourrait être abstrait dans le monde mathématique et, à l'inverse, quelque abstraction qui ne pourrait trouver aucune manifestation concrète dans notre Univers physique.*

l'inverse, des objets du monde mathématique qui ne trouvent aucune application dans le monde concret qui nous entoure ou qui se trouve en nous ?

Voici en quoi les mathématiques sont utiles : elles constituent une part pertinente de la recherche scientifique. Je dirais même plus, elles s'identifient à elle. À présent, les descriptions scientifiques du monde ne sont ni plus ni moins que des descriptions mathématiques. Et au fur et à mesure que nos recherches s'éloignent du domaine de l'expérience directe, nous trouvons que les descriptions mathématiques que nous devons utiliser deviennent de plus en plus abstraites mais plus précises, de plus en plus compliquées mais plus pointues. Quant aux rapports entre les mathématiques et une science exacte comme la physique, là il s'agit véritablement de symbiose. Il est arrivé maintes et maintes fois, chose surprenante, que des mathématiciens élaborent des idées extrêmement complexes sans penser à une quelconque application pratique dans d'autres domaines scientifiques, et que des savants s'aperçoivent, longtemps après, que les découvertes de leurs prédécesseurs correspondent exactement à ce qu'il leur faut pour expliquer un phénomène étrange qui se produit dans le monde, et réussir ensuite à prédire ce même phénomène. Voyons quelques exemples notoires de l'utilité de ces découvertes mathématiques : l'astronome Kepler se servit de la théorie du mathématicien grec Apollonios de Perga (IIIe siècle avant Jésus-Christ) sur la géométrie de l'ellipse pour décrire le mouvement des planètes autour du Soleil ; Einstein adopta les géométries non euclidiennes et le calcul tensoriel pour élaborer sa théorie de la relativité ; l'utilisation des espaces de Hilbert comme fondement de la théorie des quanta ; l'utilisation de la théorie des groupes de transformation en physique des particules ; et, plus récemment, l'application de certains aspects obscurs de la structure des variétés complexes à l'étude des supercordes, toujours dans le domaine de la physique des particules. Voilà donc comment de nouvelles avancées en physique ont pu voir le jour grâce aux réponses déjà fournies par les mathématiques. Mais voyons aussi les exemples dans l'autre sens, qui montrent comment sont nés de nouveaux outils mathématiques sous l'impulsion de la recherche en physique. Là encore, ils sont remarquables : l'invention du calcul par Newton, qui avait besoin de décrire les changements continus et la vitesse instantanée d'un corps en mouvement ; la création des séries de Fourier à partir de l'étude de l'optique ondulatoire ; la mise au point des fonctions généralisées de Heaviside et de Dirac pour décrire les forces d'impulsion instantanées ; l'idée d'un « attracteur étrange » de type chaotique qui permettrait de comprendre les fluides turbulents ; et, enfin, la façon époustouflante avec laquelle le besoin d'approfondir les recherches sur les supercordes a fait reculer les frontières des mathématiques pures. Dernier exemple, des physiciens se trouvent actuellement à court de solution mathématique toute faite. Ed Witten, l'un des pères de la théorie des supercordes, pense en effet qu'ils sont parvenus à cette découverte par le plus grand des hasards, avec vingt ou trente ans d'avance, sans outil mathématique pour la mettre en application – outil qui reste à inventer. Force est de constater que la recherche en physique est en train de dicter ses exigences à la recherche en mathématiques. Mais, ne nous y trompons pas, celle-ci poursuit son petit bonhomme de chemin sans se borner à résoudre les équations de la théorie des supercordes. Les mathématiciens se sont aperçus que les besoins de symétrie et de cohérence mathématique qui ont donné naissance à cette belle trouvaille qu'est la théorie des supercordes les conduisent toujours plus loin. Ils sont en train d'étudier de nouvelles démonstrations qui sont d'un strict intérêt mathématique par leur caractère inédit et leurs liens inattendus avec d'autres zones obscures des mathématiques jusqu'alors privées d'applications.

Tous ces exemples confirment les liens étroits entre les mathématiques et la marche du monde : les mathématiques fonctionnent bel et bien. Qu'il s'agisse de l'étude des plus petites particules de la matière ou de l'exploration de l'espace intergalactique, les calculs et les prédictions que nous effectuons avec ces petits gribouillis sur nos blocs-notes semblent bien nous avoir fourni la clef qui ouvre les portes de l'Univers. Et cette clef est plus puissante que tout ce qu'aurait pu imaginer n'importe quel devin de l'Antiquité.

## CHAPITRE II

# De la Nature au nombre

> « Il existe un type hindou, arabe, classique et occidental de mathématiques, et à chacun correspond une notion de nombre ; notion particulièrement intime, unique, exprimant une certaine approche du monde, symbole d'une valeur donnée que l'on peut même définir sur le plan scientifique [...]. C'est la raison pour laquelle il existe plus d'une pensée mathématique. »
>
> OSWALD SPENGLER

Les mathématiques fonctionnent de manière si exacte, si universelle et si utile qu'elles occupent une très grande place dans notre vie quotidienne. Tous les appareils mécaniques et électroniques qui nous entourent ont été fabriqués à partir d'indications mathématiques bien précises. La réussite scolaire de nos enfants dans cette matière revêt une importance capitale étant donné les sérieux débouchés qu'elle peut leur offrir. Il nous apparaît donc essentiel, dans ce contexte, de bien saisir la spécificité des mathématiques et les raisons de leur efficacité. Car, s'il ne s'agit que d'un fragile échafaudage de l'esprit humain, comme il en existe tant, nous devons être à même de savoir où réside cette fragilité.

Quand on étudie la nature d'une chose, il est toujours bon de remonter aux sources ; nous ferons de même avec la pensée mathématique. Examinons brièvement les origines des systèmes de numération employés dans les sociétés humaines, nous aurons une idée de la provenance des notions mathématiques et de la relative facilité avec laquelle elles furent élaborées.

Les êtres humains – certains animaux aussi – semblent posséder un sens naturel du nombre qui leur permet de sentir la présence ou l'absence de petites quantités. Nous savons qu'en jetant un simple coup d'œil à une image qui contient un certain nombre d'objets, jusqu'à cinq, nous pouvons immédiatement reconnaître combien il y en a, alors qu'au-delà nous devons sciemment les compter. Quant aux animaux, je vais vous raconter une anecdote amusante. Un fermier voulait se débarrasser d'un corbeau qui venait continuellement picorer son grain dans une tour située sur ses terres, et il essayait en vain de lui tirer dessus. Dès que le fermier s'approchait de la tour avec son fusil, l'oiseau s'envolait, mais aussitôt qu'il était parti, le corbeau revenait. Maudissant le malin petit voleur, le fermier très en colère décida de lui tendre un piège : il réussirait à se poster dans la tour sans que le volatile s'en aperçoive. Il pénétra dans la tour avec un voisin et le corbeau s'envola ; peu après, le voisin s'en alla, le fermier resta sur place, mais le corbeau ne revint pas. Il répéta son manège avec deux voisins qui partirent l'un après l'autre ;

l'oiseau ne revint toujours pas. Il essaya avec trois hommes. Rien à faire. Il décida alors de faire un groupe de quatre hommes, qui eux aussi quittèrent la tour l'un après l'autre. Cette fois, le corbeau revint et le fermier réussit à lui tirer dessus. Le sens du nombre que possédait le corbeau lui permettait de percevoir les quantités jusqu'à quatre. Au-delà, c'était confus. Il n'avait que la vague impression de beaucoup.

Observons les sociétés primitives, elles aussi possèdent un sens du nombre très simplifié. Dans les langues de certaines peuplades d'Afrique, d'Amérique du Sud et des aborigènes d'Australie, il n'existe que les concepts de « un », « deux » et « plusieurs ». Cette limitation aux plus petits nombres a laissé des traces dans plusieurs langues européennes où l'on trouve des adjectifs différents pour indiquer « premier » et « deuxième » qui ne sont pas étymologiquement apparentés aux mots « un » et « deux », alors que « troisième », « quatrième », « cinquième », « sixième », et ainsi de suite, sont manifestement rattachés aux mots « trois », « quatre », « cinq », « six », etc. Ce qui montre que les mots indiquant les nombres 1 et 2 sont beaucoup plus anciens et renvoient à une façon de compter plus primitive et plus réduite. On trouve aussi dans la plupart des langues européennes une tendance à utiliser des termes différents pour désigner la même petite quantité de choses. C'est le cas en français, par exemple, pour les choses qui vont généralement « par deux ». On dit : une paire de pantoufles, un duo de violon, un couple de pigeons, travailler en tandem. De même qu'en anglais on dit : *a pair of shoes, a musical duet, a brace of pheasants, a couple of lines*. Ce qui prouve l'absence de toute notion abstraite de nombre au stade initial du développement humain. On retrouve cette tendance, plus poussée, dans beaucoup de tribus primitives qui utilisent plus d'un mot pour indiquer le même nombre. Le mot change selon la chose à laquelle il se rapporte. On ne nomme pas de la même manière trois poissons, trois pirogues, trois personnes, trois pierres ou trois lances : on n'énonce pas explicitement leur commun dénominateur, à savoir qu'il y a « trois » éléments.

On peut aussi compter sans avoir aucun sens du nombre. Tout simplement en utilisant des repères. Un berger peut, à l'aide de petits cailloux qu'il porte sur lui – chaque caillou correspondant à un mouton –, contrôler qu'il ne lui manque aucune bête à la tombée du jour : il lui suffit de sortir un caillou de son sac chaque fois qu'un mouton entre dans la bergerie. S'il ne lui en reste plus après le passage du dernier mouton, cela veut dire que toutes ses bêtes sont bien là. On a découvert un usage intéressant de ce système lors de fouilles archéologiques à Nuzi, une vieille ville de Mésopotamie, aujourd'hui en Irak. Tout a commencé avec une petite bourse d'argile, creuse, portant l'inscription suivante :

« Objets concernant des moutons et des chèvres :

21 brebis qui ont déjà eu des petits ;
6 agneaux femelles ;
8 béliers adultes ;
4 agneaux mâles ;

6 chèvres qui ont déjà eu des petits ;
1 bouc ;
2 chevrettes »

soit, quarante-huit animaux. Après avoir brisé le sceau de la bourse, on trouva à l'intérieur quarante-huit billes en terre crue. Lors d'une autre expédition dans la région, l'archéologue qui avait découvert le vestige s'aperçut que les paysans analphabètes chargés de vendre le bétail de leurs maîtres au marché portaient encore sur eux, avec une liste écrite des animaux, de petits objets servant de repères. La fonction de la bourse et des billes devint alors évidente. Le propriétaire (ou son comptable) confiait aux paysans un certain nombre de bêtes ; lui, pour mémoire, disposait de la liste inscrite en signes cunéiformes ; eux, qui ne savaient pas lire, utilisaient les billes d'argile pour vérifier le compte des bêtes.

Le repère est la forme la plus ancienne du sens du nombre que l'on connaisse. Le plus vieux témoignage de cette façon de compter se trouve sur l'os du péroné d'un babouin, datant de trente-cinq mille ans avant Jésus-Christ, découvert dans les montagnes du Ngwane, en Afrique, qui fait apparaître vingt-neuf entailles. Il s'agit probablement d'une arme sur laquelle le chasseur tenait le compte des animaux qu'il avait tués. Lors de fouilles à Dolni Vestonice (ex-Tchécoslovaquie), on a trouvé un os de loup d'environ dix-huit centimètres de long, datant sans doute de trente mille ans avant Jésus-Christ ; il présente une rangée de vingt-cinq entailles, puis deux signes plus grands suivis de trente entailles, et des traces de regroupement des entailles par cinq (à rapprocher vraisemblablement du nombre des doigts de la main). Chose intéressante, l'os a été découvert à côté d'une tête de femme sculptée en ivoire, de la même époque, témoignant de l'existence d'une civilisation plus développée que celle des tribus vivant de la chasse et de la cueillette.

Autre fameuse découverte : l'os d'Ishongo. C'est un manche d'outil de gravure à pointe en silex, remontant à neuf mille ans avant notre ère, que l'on a retrouvé à Ishongo, près du lac Mayi-Ndombé, à la frontière actuelle du Zaïre. La tribu qui l'a fabriqué a laissé d'autres traces de son activité, basée sur la chasse et la pêche, avant de disparaître après une éruption volcanique.

Ce manche possède une forme vaguement cylindrique. Il est fossilisé mais on distingue nettement trois rangées de repères, comme le montre la figure 2. Les marques sont regroupées d'une curieuse façon, ce qui a donné lieu aux interprétations les plus fantaisistes. Les deux rangées du haut présentent un total de soixante marques. La troisième en totalise quarante-huit (bien qu'au microscope on puisse en déceler d'autres) mais elle porte des traces de doublements avec des groupes adjacents de 10 et 5, 8 et 4, 6 et 3. De plus, la première rangée présente la séquence 9, 19, 21, 11, c'est-à-dire 10 – 1, 20 – 1, 20 + 1, 10 + 1. La deuxième et la troisième rangée contiennent des nombres premiers : 5, 7, 11, 13, 17 et 19. Nous ne saurons peut-être jamais s'il s'agit de nombres porte-bonheur ou si les Ishongos utilisaient un système à base dix et connaissaient les nombres

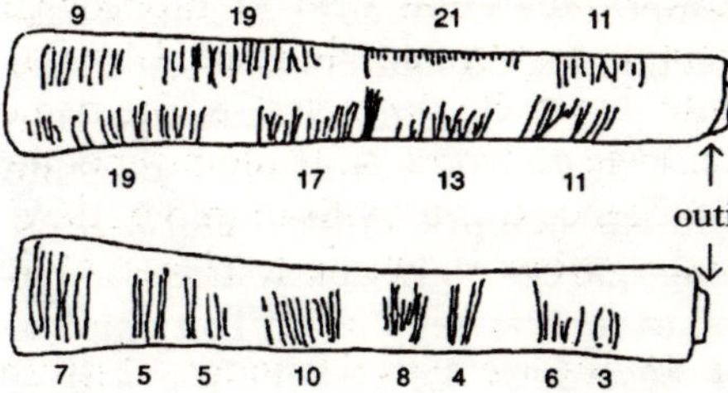


Figure 2. *Vue des deux côtés du manche d'un outil en os fossilisé découvert par Jean de Heinzelin à Ishongo, près du lac Édouard (actuellement lac Mayi-Ndombé) en Afrique centrale. À l'origine, on attachait à l'extrémité droite une pointe en silex tranchant. Les entailles se suivent par petits groupes sur trois rangées, ce qui présente un certain intérêt. L'os date d'environ neuf mille ans avant notre ère.*

premiers et le doublement. L'interprétation la plus intéressante porte sur les deux totaux de soixante qui pourraient représenter deux mois lunaires. Chaque entaille marquerait le temps qui passe. Les Ishongos avaient sans doute besoin d'une méthode exacte pour repérer les changements de saison étant donné que les fortes variations climatiques de la région les obligeaient à migrer vers les montagnes à l'arrivée des pluies qui venaient grossir les eaux du lac.

Plus près de nous, en l'état actuel de nos connaissances, nous pouvons établir une carte des systèmes de numération simples. La figure 3 montre la répartition des systèmes purs à base deux qui ne possèdent que les mots nommant 1 et 2 et les utilisent ensemble pour représenter les combinaisons 2 + 1, 2 + 2, 2 + 2 + 1, 2 + 2 + 2, 2 + 2 + 2 + 1. Il existe d'autres systèmes, par exemple les « nouveaux systèmes à base deux », plus perfectionnés, où figurent non seulement les mots désignant 1 et 2, mais aussi ceux signifiant 2 + 2, 2 + 3, 3 + 3, 1 + 3 + 3 et ainsi de suite jusqu'aux petits totaux compris entre 8 et 10. Il est intéressant de noter que ces nouveaux systèmes apparaissent sur le pourtour des régions où l'on emploie le système pur à base deux. Le système pur à base deux, à son tour, se retrouve à l'extrême périphérie de la civilisation.

On peut raisonnablement supposer, preuves à l'appui, que les systèmes à base deux furent un temps beaucoup plus répandus et qu'ils ont ensuite été remplacés par des systèmes plus efficaces, les anciens restant en usage dans les peuplades primitives qui ne ressentaient pas le besoin de faire évoluer leur façon de compter.

On a avancé une hypothèse intéressante à propos de ces systèmes très primitifs où n'existent que les mots de base pour nommer 1, 2, 3, tandis que les nombres supérieurs jusqu'à 10 sont formés à partir de ces trois mots-là. Ils ne semblent pas remonter à l'habitude de se servir des doigts pour compter mais bien à des intuitions primaires et à des expériences de regroupement par couples. On pense que le fait de compter aurait une origine rituelle, qu'il proviendrait de certains actes accomplis par les tribus primitives au cours de cérémonies religieuses. Un type de rituel de la fertilité, que l'on retrouve dans toutes les cultures, est celui de l'accouplement des hommes et des femmes, qui pourrait non seulement marquer l'origine du couple élémentaire un-deux, mais aussi

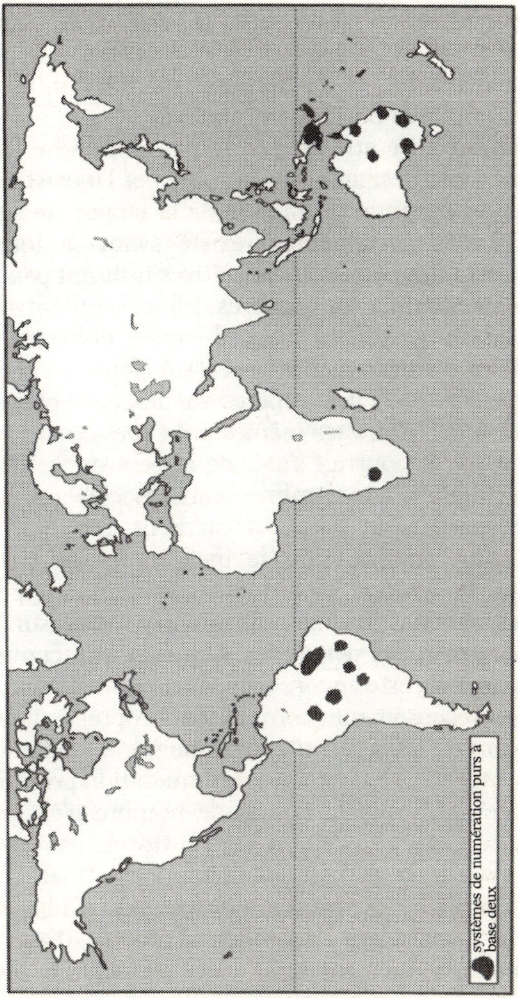


Figure 3. *Répartition des systèmes de numération purs à base deux encore en vigueur aujourd'hui ne possédant que les mots pour nommer les nombres 1 et 2.*

expliquer diverses traditions et croyances assez curieuses, selon lesquelles les nombres impairs seraient masculins et les nombres pairs féminins, et certains nombres porteraient malheur.

Il faudrait faire attention à ne pas confondre l'absence de mots désignant les nombres et l'inexistence du sens du nombre. Comme pour la langue, le sens du nombre a certainement existé avant sa forme écrite. Certaines peuplades primitives utilisent peu de mots pour nommer les nombres. Elles comptent surtout avec des gestes. Et d'abord sur les doigts de la main. Pour continuer, elles se servent d'autres parties du corps (figure 4). Les repères sur le corps présentent l'avantage d'être les mêmes pour tous.

Là encore, il pourrait s'agir de la persistance d'attitudes rituelles. Les nombres sont associés aux différentes parties du corps et on peut exprimer la notion d'un nombre sans le mentionner de façon explicite. Il faudrait sans doute voir là un rapport avec les tabous étranges et fort répandus sur le dénombrement des personnes. Actuellement, comme par le passé, il reste encore dans quelques sociétés un tabou du recensement : compter ses propres enfants, son argent ou les sujets du royaume porte malheur.

L'existence de ces systèmes de numération primitifs nous démontre que la notion de nombre n'est pas facile à acquérir et qu'elle ne se transforme pas automatiquement en activité mathématique. Chez certaines peuplades primitives, une poignée d'adjectifs suffit à décrire les quantités d'objets. D'autres communautés, bien sûr, sont allées plus loin, et tous ceux qui entretenaient avec elles des relations

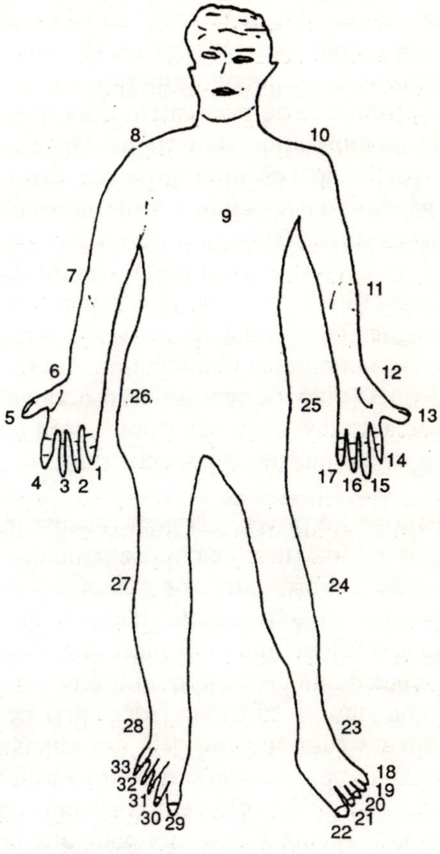


Figure 4. *Illustration typique de la façon de compter sur les doigts de la main puis sur les autres parties du corps. Dessin tiré de l'ouvrage de Georges Ifrah,* Les Chiffres, *Paris, Robert Laffont, 1985.*

commerciales avaient de bonnes raisons d'apprendre leur langue et leur façon de compter. C'est ainsi que les systèmes les plus perfectionnés et les plus efficaces (qui emploient le moins de mots possible pour désigner les nombres et ne nécessitent donc pas de gros efforts de mémorisation) ont eu tendance à se propager à partir de ces communautés évoluées. Ce tableau général nous conduit tout naturellement à nous tourner vers le berceau de la civilisation où l'on pourrait bien découvrir les origines des intuitions sur les nombres qui ont évolué le plus rapidement. Nous y trouvons des communautés actives qui maîtrisent déjà la construction et la planification, qui pratiquent le troc, lequel évoluera vers les transactions d'achat et de vente avec des jetons, qui ont besoin de garder une trace de ce qu'elles possèdent (faire des inventaires) et d'utiliser des symboles pour identifier les biens de propriété privée. L'argent fut une invention qui contribua à instaurer ce type de structure sociale. Il servit aussi à représenter concrètement une quantité négociable indépendante d'objets précis. Je m'explique : le fait qu'une seule pièce de monnaie permette d'acheter une certaine quantité de choses différentes contribue à affirmer l'idée qu'il existe des dénominateurs communs au-delà des objets proprement dits. Dans ce contexte, le nombre aurait pu finalement devenir ce dénominateur commun. En fait, il fallut attendre encore longtemps pour que la notion abstraite de « deux » ou « trois », qui dépasse l'exemple des deux pierres ou des trois personnes, vît le jour durant l'Antiquité. Elle n'apparut qu'aux débuts de la civilisation hellénistique, au Ve siècle avant Jésus-Christ. Sans ce formidable bond en avant, compter n'aurait jamais donné naissance aux mathématiques. Le papillon n'aurait jamais abandonné sa chrysalide pour prendre son envol.

Se servir des doigts pour compter est un phénomène assez répandu, mais il présente de subtiles variations qui en font un objet d'étude très intéressant quand on cherche à savoir comment il s'est transmis d'une culture à l'autre. La méthode la plus courante (que nous avons conservée jusqu'à nos jours en Occident) consiste à partir de la main gauche fermée et à l'ouvrir, un doigt à la fois en commençant par le pouce, puis à passer à l'autre main. Mais ailleurs dans le monde, on procède différemment. Je vais vous raconter l'histoire qui est arrivée à un officier de l'armée anglaise qui se trouvait en Inde pendant la Seconde Guerre mondiale. On lui présenta une jeune femme qui se faisait passer pour une Chinoise mais que lui soupçonnait d'être japonaise. Voulant s'assurer que ses soupçons étaient bien fondés, il lui demanda de compter jusqu'à dix. La jeune femme, surprise, s'exécuta, la main ouverte, en repliant un doigt à la fois. C'était bien une Japonaise ! L'officier savait que les Chinois comptent le poing serré, en dépliant les doigts.

La figure 5 montre la répartition des différentes façons de compter avec les doigts, en fonction du doigt que l'on utilise en premier. Dans certains cas très rares, au lieu de compter le doigt, les gens comptent l'espace entre deux doigts ; ils ont donc un système qui a pour base quatre et huit. On remarquera que pratiquement dans tous les cas où l'on

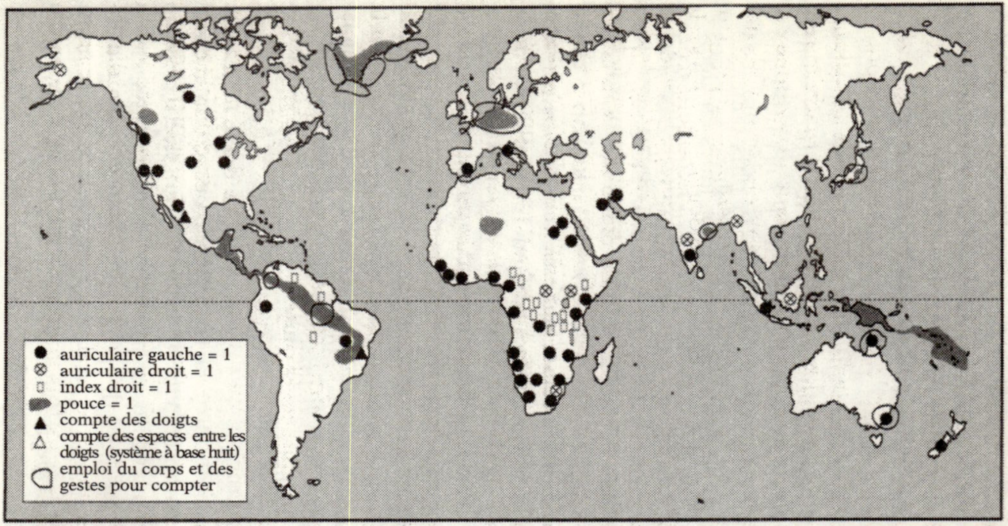


Figure 5. *Répartition des méthodes adoptées pour compter à l'aide des doigts de la main, selon les données recueillies à l'origine par Abraham Seidenberg à partir de témoignages historiques et anthropologiques. Cette carte indique les régions qui utilisent le pouce ou d'autres doigts pour commencer à compter à partir de 1, celles où l'on a coutume de réunir les doigts d'une main deux par deux pour compter jusqu'à 4 et ceux des deux mains pour compter jusqu'à 8, ainsi que des extensions de ces méthodes qui se servent d'autres parties du corps pour compter au-delà de 10.*

commence à compter avec le pouce en premier, on a affaire à un système à base vingt, incluant les quatre groupes de doigts, des mains et des pieds.

La base employée pour le calcul arithmétique est fondamentale. C'est elle qui détermine le côté pratique du système et prédispose celui-ci à véhiculer une expression plus fine des intuitions mathématiques. L'utilisation des doigts contribua à l'évolution des systèmes simples à base deux fondés sur des intuitions sur les couples et les contraires vers des systèmes à base cinq, ce qui favorisa l'introduction de nouveaux mots pour désigner les groupes de cinq déjà comptés. Certaines communautés qui adoptaient le système à base cinq, par exemple, se servaient ensuite des doigts de l'autre main pour garder en mémoire les groupes de cinq déjà calculés avec la première. Quand on procède savamment à une telle gymnastique avec les doigts des mains et des pieds, on réussit à faire pas mal de choses. Tous les systèmes à base cinq finirent néanmoins par se transformer en systèmes à base dix (« décimaux ») ou vingt (appelés aussi « vicésimaux »). Les sociétés occidentales modernes se servent du système décimal qui, avec l'éventail des nombres entiers naturels disponibles, peut se vanter de se rapprocher le plus de ce que l'on pourrait appeler un langage universel, plus universel que les lettres de l'alphabet, d'origine phénicienne, qu'utilisent la plupart des langues européennes.

Les systèmes à base cinq et dix voient en 70 « sept fois dix » alors que le système à base vingt le considère comme « trois fois vingt plus dix ». On retrouve cet usage en vieil anglais. Dans la Bible anglicane (publiée en 1611 et dédiée au roi Jacques Ier), pour parler de la durée de vie moyenne d'un être humain, par exemple, on utilise l'expression *three-score years and ten* (trois fois vingt ans plus dix). Le mot anglais *score* veut dire plusieurs choses à la fois. C'est très intéressant. Il signifie, entre autres, « vingt », comme dans le texte biblique, mais aussi « compter », comme compter les points dans une partie de tennis, ainsi que « tracer un repère » sur quelque chose. Ces trois sens sont liés : ils renvoient à l'ancienne coutume de garder une trace des quantités (« par vingt ») en faisant des encoches sur un bâton de bois, coutume que l'on appelait *scoring* (la « taille »).

La langue française conserve elle aussi des traces de la numération vicésimale : 80, c'est, littéralement, « quatre fois vingt ». À Paris il existe encore un hôpital fondé par Saint Louis pour trois cents aveugles qui s'appelle l'*Hôpital des Quinze-Vingts*, c'est-à-dire « l'hôpital des vingt fois quinze ». Notez qu'en latin et en français il n'y a aucun lien entre les mots signifiant « vingt » *(viginti* et *vingt)* et ceux signifiant « deux » ou « dix » *(duo* et *decim*, *deux* et *dix)*.

Pour trouver un système vicésimal intégral, il faut remonter à l'époque des Mayas et des Aztèques. Les Mayas, en particulier, s'étaient dotés d'un système remarquablement précis, en raison de leurs croyances religieuses qui accordaient beaucoup d'importance au calcul du temps et à l'établissement des calendriers. Il semblerait d'ailleurs que leur année solaire ait été plus proche de la vérité des astres que celle que nous fixons aujourd'hui sur le papier.

Examinons la répartition actuelle des façons de

compter chez les populations indigènes d'Amérique, d'Afrique, d'Océanie et d'Australie (figure 6). Nous voyons principalement trois systèmes : le système primitif à base deux, le système à base vingt et celui à base dix. Nous remarquerons qu'ils ont évolué, grâce aux migrations et aux contacts, dans cet ordre-là pour aboutir au système décimal, actuellement le plus répandu.

Seule exception intéressante à la diffusion universelle des systèmes décimaux et vicésimaux dans les civilisations les plus évoluées de l'Antiquité : Babylone. Chez les Babyloniens, qui avaient hérité des symboles numériques des Sumériens, dont les systèmes de calcul remonteraient à trois mille ans avant notre ère, nous trouvons une chose très curieuse, unique en son genre : un système à base soixante (« sexagésimal »). Les Babyloniens comptaient en employant des mots et des symboles indiquant une échelle de quantités : 1, 2, 3, 4, 5, 5 + 1, ..., 10..., 20, 10 × 3, 20 × 2, 20 × 2 + 10.

À première vue, on pourrait penser à un nouveau système à base dix ou vingt, mais le compte ne continue pas avec un mot exprimant « vingt fois trois », comme on pourrait s'y attendre. Il introduit, au contraire, le mot *gesh*, qui veut dire 1, pour marquer qu'on recommence. Donc une nouvelle unité, valant soixante. Avec cette base, 600 représente « soixante fois dix » et 3 600, « soixante fois soixante ».

Nous avons hérité de beaucoup de choses des Babyloniens. Nous calculons le temps et établissons les coordonnées en navigation avec les mêmes mesures : il y a soixante secondes dans une minute, soixante minutes

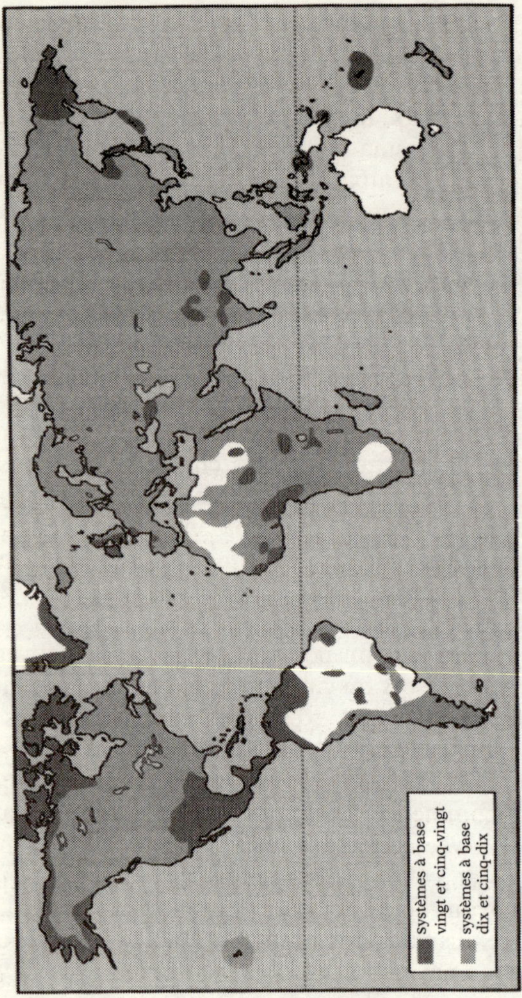


Figure 6. *Implantation et évolution des systèmes de calcul à base cinq-dix et cinq-vingt.*

dans une heure ou un degré. En français, on utilise un seul mot 20, 30, 40, 50 et 60 ; mais ensuite la structure change : 70 (soixante-dix), 80 (quatre-vingts) et 90 (quatre-vingt-dix) sont des mots composés. La discontinuité de cette structure est une trace du système sexagésimal inscrite dans la langue française.

Pourquoi les Babyloniens avaient-ils adopté cette base-là ? Nous ne le savons pas. Selon certaines hypothèses, l'astronomie en serait la source, et l'année n'aurait été pour eux que le total de six jours multipliés par soixante ; ou bien ce serait le résultat de la fusion de deux systèmes différents ; ou encore, elle dériverait probablement d'un système de poids et mesures d'usage courant correspondant à soixante unités. Le problème demeure. Pourquoi soixante ? À moins que le hasard n'ait tout simplement fixé une unité-étalon en fonction d'un objet choisi au départ par commodité. Soixante est évidemment une quantité pratique quand on fait du commerce. Elle possède beaucoup de diviseurs (2, 3, 4, 5, 6, 10, 12, 15, 20, 30) et permet de faire des parts facilement sans qu'il soit nécessaire d'inventer la notion de fraction comme un demi ou trois quarts.

Le système décimal a néanmoins fini par prédominer. Pour plusieurs raisons. Dix était une quantité pratique pour compter : ni trop grande ni trop petite. D'où la possibilité de s'en tirer avec quelques mots à apprendre sans trop d'efforts. Sa diffusion fut également facilitée par la diffusion des langues indo-européennes qui descendraient d'une hypothétique langue « mère » employée environ trois mille ans avant Jésus-Christ (figure 7).

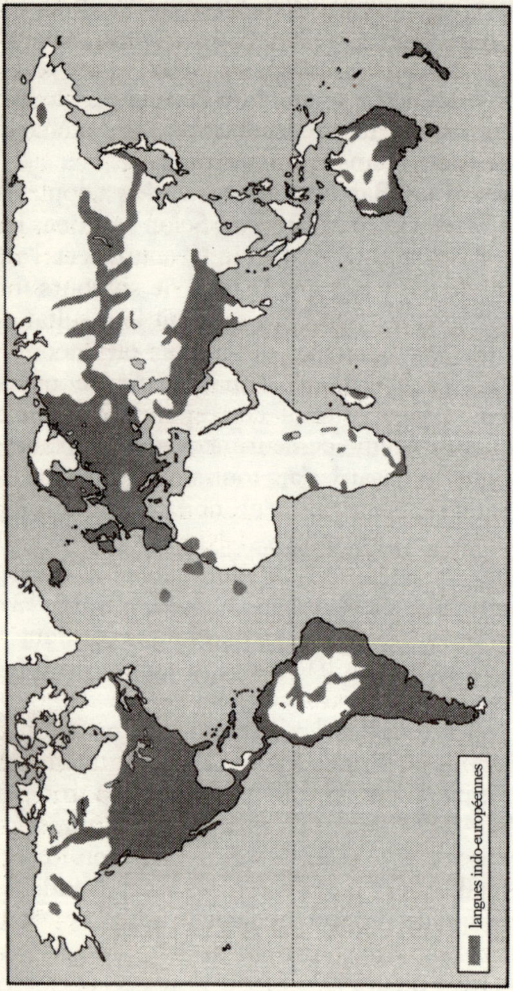


Figure 7. *Diffusion actuelle des langues d'origine indo-européenne.*

Toutes les langues indo-européennes utilisent la même base pour compter et un vocabulaire presque identique pour nommer les nombres. Il est fort probable que la langue « mère », à l'origine de toutes ces langues, ait possédé elle aussi un certain type de système décimal découlant vraisemblablement de l'utilisation des dix doigts. Sur les origines de cette langue, sur la façon de compter qu'elle décrivait, nous ne savons presque rien. Car sa structure s'est constituée oralement et n'a été écrite qu'à un certain stade de développement de sa forme et de son contenu. Au départ, on pensait trouver une piste sur l'origine des termes et de la notion de nombre du côté de l'étymologie. Malheureusement, les recherches n'ont pas été concluantes. Même si on a constaté de grandes similitudes entre les termes employés dans les différentes langues indo-européennes modernes pour désigner les nombres, ce qui laisse entendre que ces termes sont restés assez fidèles à leur forme originale au bout de milliers d'années (sinon ils auraient évolué chacun de leur côté dans les différentes cultures), en général, ils ne montrent aucun rattachement linguistique à une quelconque mesure de quantité. Étant donné leur relative stabilité dans le temps, l'absence de rattachement linguistique pourrait s'expliquer ainsi : ce sont les mots désignant les objets auxquels ces termes se rapportaient à l'origine qui ont évolué chacun de leur côté plutôt que les termes mêmes qui expriment les nombres.

Il faut, nous l'avons vu, que le choix de la base de calcul soit judicieux pour qu'un système se développe et réponde bien à ce qu'on attend de lui, mais ce n'est absolument pas suffisant. Il ne pourra durablement s'implanter que s'il comporte deux autres caractéristiques essentielles. La première fut inventée par les Babyloniens environ deux mille ans avant notre ère et par les Mayas, de leur côté, semble-t-il, entre 300 et 900 après Jésus-Christ : on l'appelle *l'écriture positionnelle*.

Avec un système de numération ayant pour base un grand nombre comme 20 ou 60, il faut beaucoup de symboles pour représenter, une fois que l'on a atteint l'unité de base, tous les nombres supérieurs. Un jour, un humble comptable de Babylone, dit-on, fit l'une des plus importantes découvertes de l'histoire de l'espèce humaine. Il inventa une façon d'écrire les nombres dans un certain ordre (sans doute était-il pressé et se servait-il d'abréviations toutes personnelles) où la position d'un symbole numérique déterminait partiellement la quantité représentée : quoi de plus banal pour nous ! Quand nous voyons le nombre 123, nous savons qu'il signifie $1 \times 100 + 2 \times 10 + 3$. Si le scribe avait gravé sur sa tablette la suite des signes cunéiformes signifiant 123, cela aurait donné $1 \times 60 \times 60 + 2 \times 60 + 3$. Pour comprendre, imaginons qu'il s'agit de temps, car c'est un système à base soixante : 123 équivaut à une heure, deux minutes et trois secondes, c'est-à-dire 3 723 secondes en système décimal.

L'adoption de l'écriture positionnelle réduit la quantité de caractères (c'est-à-dire de chiffres) nécessaires pour représenter tous les nombres. Dans notre système, dix caractères (0, 1, 2, 3, 4, 5, 6, 7, 8, 9) suffisent pour représenter *n'importe quel* nombre.

Sans ce stratagème, toute notation ne serait rien de plus que de la sténographie. Voyons un exemple bien connu où la position des caractères n'a absolument aucune signification quand on effectue une opération : les chiffres romains. Additionnons 365 et 651. On s'aperçoit tout de suite de la puissance de notre système où la position a une valeur ; la méthode même de notation « pense » pour nous et nous additionnons automatiquement la colonne des unités, puis celle des dizaines et, enfin, celle des centaines, en reportant chaque fois l'excédent au-dessus de dix sur la colonne de gauche :

$$\begin{array}{rr} & 365 \\ + & \underline{651} \\ & 1\,016 \end{array} \qquad \begin{array}{rr} & \text{CCCLXV} \\ + & \underline{\text{DCLI}} \\ & \text{MXVI} \end{array}$$

Essayez d'effectuer la même opération avec les chiffres romains. Quel casse-tête ! La seule chose que l'on puisse faire, c'est convertir tous les chiffres en système décimal, faire la somme, puis reconvertir le résultat en chiffres romains. Multiplication et division, n'en parlons pas ! Ce sont pourtant des opérations toutes simples en mathématiques. Ce défaut du système romain prouve bien qu'il n'aurait jamais pu servir de base à des mathématiques efficaces et exhaustives.

Il fallait aussi inventer un moyen d'indiquer un *espace vide*. C'est la seconde caractéristique essentielle. La cerise sur le gâteau ! Les Babyloniens mirent presque mille cinq cents ans, à partir de la découverte de l'écriture positionnelle, pour arriver à employer systématiquement le symbole de « rien » – ce que nous appelons aujourd'hui le « zéro ». Si ce petit caractère n'existait pas, l'écriture positionnelle prêterait à confusion. Au début, vers 2000-1800 avant Jésus-Christ, le symbole de « rien » était tout simplement signalé par un espace vide, mais cet espace pouvait être facilement mal interprété si l'on était peu familiarisé avec l'écriture du scribe. Plus tard, vers 300 avant Jésus-Christ, le point fut introduit, sans avoir cependant l'éventail de significations qu'il revêt de nos jours. Pour les Babyloniens, le caractère « zéro » signifiait simplement un espace vide dans leur système de numération ; ce n'était ni le résultat d'une opération comme « deux moins deux » ni l'équivalent de « rien ».

De leur côté, les grands prêtres olmèques et mayas d'Amérique centrale inventèrent, vers 400-300 avant notre ère, un type d'écriture positionnelle qui comportait le chiffre « zéro ». Fait curieux dans leur système vicésimal, les pictogrammes des nombres étaient rassemblés comme dans un collage pour former le pictogramme du nombre composé. Laisser un espace vide aurait nui à l'élégance du dessin. D'où l'invention du chiffre « zéro », nécessaire sur le plan esthétique.

Toutes ces caractéristiques – le choix judicieux de la base, l'adoption de l'écriture positionnelle et l'invention du « zéro » –, il faut les considérer comme des étapes décisives dans l'évolution de nos systèmes de numération. On aurait très bien pu ne jamais les franchir : c'est ce qui s'est produit dans la plupart des civilisations de l'Antiquité où leur sens du nombre et leur système de numération, mort-nés, ne devinrent jamais un tremplin pour le développement des mathématiques au-delà du simple calcul. Ce qui ne veut pas dire pour autant que nous ne serions pas parvenus là où nous en sommes maintenant par un autre chemin. L'ordre historique des découvertes, tel qu'il s'est présenté, a été une condition suffisante pour aboutir aux mathématiques abstraites. Mais a-t-il été aussi une condition nécessaire ? Nous ne sommes pas en mesure de l'affirmer.

L'histoire nous enseigne que ce n'est qu'en Inde que l'on vit apparaître ensemble les trois caractéristiques fondamentales dont nous venons de parler. La culture hindoue créa des caractères uniques pour les nombres 1, 2, 3, 4, 5, 6, 7, 8, 9, et adopta un système décimal intégral progressant régulièrement de 1 à 10, 100, 1000 et ainsi de suite. Chaque passage d'un degré à l'autre de l'échelle s'effectuait par l'écriture positionnelle, comme nous le faisons aujourd'hui. Elle adopta même la façon de lire 123 de gauche à droite dans le sens « un-deux-trois », exactement comme nous. Le caractère « zéro » fut enfin rajouté pour obtenir le système décimal, toujours en vigueur en Occident. Avec la diffusion de la culture hindoue dans le monde arabe, on vit les caractères numériques évoluer progressivement. Les chiffres d'origine hindoue se transformèrent et c'est la raison pour laquelle ceux que nous utilisons aujourd'hui s'appellent les chiffres arabes. Il s'agit véritablement d'un langage universel en vigueur au sein de toutes les sociétés les plus développées.

L'encadré ci-après fait une description générale des différents degrés de complexité dans la mise au point des systèmes de numération composés de chiffres. Chacun d'eux se caractérise par une base, appelée B, et l'on peut voir combien de caractères différents il faut pour représenter tous les nombres possibles.

### LES CHIFFRES SELON LES SYSTÈMES DE NUMÉRATION

Prenons B comme base du système de numération. Un système chiffré comme l'additif en vigueur en Égypte ou au début de la civilisation hellénistique doit utiliser des caractères différents pour désigner les nombres 1, 2, 3,..., B-1, 2B, 3B,...B(B-1) ; $B^2$, $2B^2$, $3B^2$,... $B^2(B-1)$ ; etc.

Un système multiplicatif, comme celui des Chinois, est plus économe et nécessite des chiffres différents uniquement pour les nombres 1, 2, 3,... (B-1) ; B, $B^2$, $B^3$,...

Le système d'écriture positionnelle adopté par les hindous est encore plus économe et n'a besoin que de chiffres différents pour B étant donné qu'il comprend maintenant le zéro : 0, 1, 2, 3,... (B-1).

Tout nombre N s'exprime par une formule :

$$N = A_n B^n + a_{n-1} B^{n-1} + ... + a_2 B^2 + a_1 B + a_0$$

et en utilisant l'écriture positionnelle, il s'exprime par une suite de chiffres : $a_n\ a_{n-1}...\ a_2\ a_1\ a_0$.

Le système binaire employé en informatique adopte B = 2 et utilise les chiffres 0 et 1 avec l'écriture positionnelle.

En théorie, la base B doit être un nombre ni trop grand ni trop petit – comme dix justement. S'il est trop grand, on devra introduire, inutilement, une trop grande quantité de mots et de chiffres pour atteindre le nombre B, mais s'il est trop petit, on aura des représentations interminables même pour les plus petites quantités. Il n'est pas dit que dix soit la meilleure base. D'ailleurs, plusieurs voix se sont fait entendre pour la remplacer par douze, il n'y a pas si longtemps encore. Je ne citerai que George Bernard Shaw et Herbert George Wells, fervents partisans du système duodécimal en Angleterre, et la Société américaine en faveur du système duodécimal, dont l'objectif est de détrôner le système décimal actuel, qui a inventé de nouveaux caractères : X, nommé « dek », pour 11 et un trois renversé, nommé « el », pour 12. Tous avancent de bonnes raisons en faveur de la base douze. On peut mieux la diviser (par 2, 3, 4 et 6) que dix (par 2 et 5 seulement). C'est un avantage considérable pour le commerce, les poids et mesures. Elle est divisible en parts sans avoir recours aux fractions. C'est la raison pour laquelle il existe encore quelques systèmes de mesure fondés sur le système duodécimal. Le pied anglais est formé de douze pouces ; la douzaine et la grosse (« douze douzaines ») ont encore leur utilité commerciale tant en Angleterre qu'en Amérique. Avant sa conversion au système décimal, la monnaie anglaise, le shilling (équivalant à un vingtième de livre sterling) se divisait en douze pences, et tous les opposants à la décimalisation soutenaient qu'il était bien plus pratique de se servir de la base douze. Il y avait pourtant un défaut dans ce système, qui laissa le champ libre, par le passé, aux partisans de l'adoption d'un nombre premier, onze, comme base de calcul. Ce défaut, c'est que s'il existe des diviseurs de la base, il existe par conséquent des fractions apparemment différentes mais pourtant toutes dotées de la même valeur numérique. Dans notre système décimal, par exemple, 1/2, 2/4 et 3/6 signifient la même quantité. Avec un nombre premier comme base, cette redondance n'aurait pas existé.

On utilise actuellement une autre base très courante, la base deux. Ce système, dit « binaire » (à ne pas confondre, bien sûr, avec les systèmes primitifs à base deux ne possédant que deux mots pour nommer « un » et « deux » et d'autres petites quantités, dont nous avons parlé au début du chapitre), est le fondement de l'informatique. Le système binaire moderne est doté d'une écriture positionnelle différente de celle du système décimal habituel justement à cause du choix de la base.

Avant de clore ce chapitre par le formidable travail créatif des hindous, observons avec attention ces remarquables pans de leur culture qui témoignent d'une profonde connaissance de la géométrie et des mathématiques acquise à des fins religieuses. On parle souvent de la motivation scientifique des astronomes de Babylone, du goût de l'architecture qu'avaient ces bâtisseurs-nés qu'étaient les Égyptiens. Nous avons vu aussi que l'origine du calcul serait liée à de fascinants rituels religieux. Ce sont des impératifs identiques que nous retrouvons dans l'Inde ancienne, mais sous une forme beaucoup plus savante.

Selon la religion védique, la famille devait tous les jours pratiquer la méditation. Pour ce faire, des autels réservés à cet effet étaient édifiés dans chaque foyer selon des indications géométriques très précises. Certains étaient assez simples, carrés ou en demi-cercles, mais d'autres, servant aux sacrifices collectifs et aux pratiques du culte de toute la communauté, pouvaient être plus compliqués. Voici un autel en forme de faucon (figure 8).

Les instructions nécessaires à la construction de ce type d'autels figuraient dans une collection de livres appelés *Sulvasutra,* selon des traditions remontant entre 1000 et 500 avant notre ère. *Sulvasutra* signifie approximativement « Livre de la Corde », en référence à la manière dont les architectes mesuraient les rangées de briques en fixant des cordes au sol, comme les maçons d'aujourd'hui. Dans certains cas, pour calmer la colère des dieux, il fallait leur faire des offrandes. Les sacrifices devaient avoir beaucoup d'allure et il était indispensable d'augmenter la surface de l'autel. Normalement, on la multipliait par deux. Voilà un problème géométrique très difficile. La conception de pareilles constructions nécessitait de grandes compétences de la part des prêtres védiques, dont l'habileté n'allait être appréciée à sa juste valeur qu'au bout de plusieurs siècles. La plus célèbre construction qu'ils inventèrent (tout comme les Babyloniens bien avant eux) fut ce que nous appelons le théorème de Pythagore, quoique il ne semble pas y avoir eu de transmission de connaissances entre Grecs et hindous. Les mathématiques hindoues n'utilisent ni axiomes ni postulats à la différence de la tradition grecque. Seulement, pour pouvoir modifier les dimensions des autels en forme de faucon, comme celui de la figure 8, il fallait savoir que la diagonale d'un rectangle divise sa surface en deux parties égales ; que la perpendiculaire qui

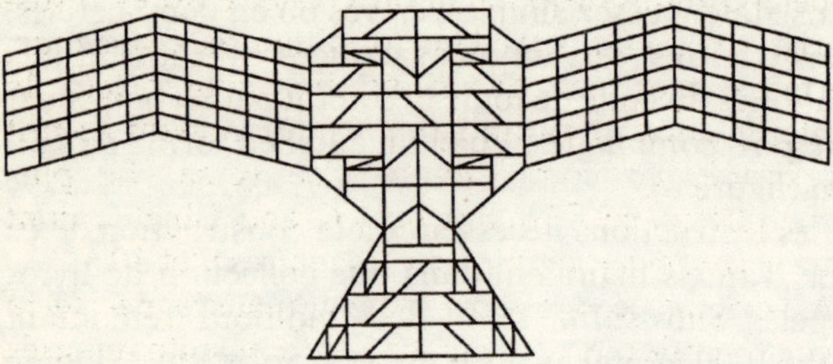

Figure 8. *Autel en forme de faucon constitué de briques posées les unes sur les autres à partir d'un petit nombre de figures de base. Des autels de ce type comprenaient jusqu'à cinq rangées de briques comportant deux cents briques chacune. Selon la religion védique, chaque famille devait installer chez elle différents autels ayant la forme appropriée au culte auquel ils étaient consacrés. Leur construction exigeait une grande adresse pour respecter scrupuleusement les indications très détaillées concernant leur forme et leurs dimensions. Beaucoup étaient carrés ou en demi-cercles, mais les problèmes mathématiques les plus difficiles se posaient quand il fallait en construire de plus grands, comme celui-ci, destinés à d'autres types de culte, en doublant les dimensions tout en maintenant globalement le dessin original.*

va de la base au sommet d'un triangle isocèle le divise en deux parties égales ; qu'un rectangle et un parallélogramme ayant la même base et se trouvant entre les mêmes droites parallèles ont la même surface et, enfin, connaître le théorème de Pythagore à proprement parler. Tous ces concepts sont très similaires à ceux que l'on retrouve dans le sixième livre des *Éléments* d'Euclide.

Passons à une autre figure mathématique encore plus complexe que les hindous tirent du culte tantrique. Maints recueils de formules rituelles sanscrites, appelés *Tantras*, remontent au VIᵉ siècle après Jésus-Christ, mais sont issus d'une tradition plus ancienne. Certains exercices de méditation comportent la contemplation de savants *yantras* qui guident l'esprit du simple au complexe, et vice versa. Le plus recherché est le *Sriyantra* ou « Grand Objet », dont vous verrez des exemples sur les figures 9 et 10.

À l'origine, ces dessins étaient réalisés par terre avec des craies de couleur. Ils furent ensuite reportés sur des étoffes, des pierres ou des métaux et, comble de raffinement, sur des cristaux transparents taillés de telle sorte que la lumière puisse accrocher un point précis du dessin. Ceux que vous voyez remontent au XVIIIᵉ siècle. Le premier, le plus courant, est une sorte de grille où sont imbriqués les uns dans les autres neuf triangles isocèles formant quarante-trois triangles plus petits. Ce « sceau » central du dessin est entouré de cercles concentriques et de pétales de lotus, puis encadré par un carré de quatre portes conduisant aux enfers, au chaos. Au centre de chaque triangle se trouve le point d'arrivée ou de départ de la méditation, selon que l'on contemple la création de l'ordre à partir du chaos, ou l'évolution du monde, de la simplicité de ses débuts jusqu'à son état de complexité. Le second, plus rare, présente la même figure, cette fois sur une surface courbe. On y voit en effet des arcs de cercle, qui étaient souvent tracés sur un support courbe. Les créateurs de ces « triangles courbes » n'auraient sans doute pas été surpris d'apprendre l'existence des géométries non euclidiennes que le monde occidental allait découvrir bien des siècles plus tard. Reconnaissons qu'il leur fallait une

Figure 9. *Le* Sriyantra *est une figure géométrique servant à la méditation selon la tradition tantrique de l'Inde. Les premiers modèles et les plus anciennes descriptions en notre possession remontent au* VII^e^ *siècle après Jésus-Christ, mais on trouve de nombreux écrits védiques datant du* XII^e^ *siècle avant notre ère qui mentionnent déjà la contemplation des* yantras *géométriques composés de neuf triangles. Le* Sriyantra *(« Grand Objet ») est un enchevêtrement de polygones, triangles, cercles et lignes encadrant tous le point central* (bindu). *Le problème mathématique le plus difficile à résoudre est l'agencement de l'ensemble des triangles inscrits dans le cercle central, appelé « sceau ». Presque tous les sceaux que nous connaissons reproduisent le même dessin que nous voyons ici, avec parfois de légères modifications. Nous pouvons admirer un dessin beaucoup plus rare et plus recherché sur la figure 10*. (Collection Ajit Mookerjee. Photographie Jeff Teasdale. Exposition *Tantra* par Philip Rawson, Editions Thames and Hudson Ltd, Londres, 1973.)

Figure 10. *Ici le sceau central est formé de triangles dont les trois côtés sont tous en arc de cercle. Cette illustration est troublante pour le mathématicien d'aujourd'hui parce qu'elle ressemble aux « triangles » qui peuplent les géométries non euclidiennes. Nous savons, d'ailleurs, que certains de ces dessins furent exécutés sur une surface solide et courbe. Les plus anciens modèles conservés jusqu'à nos jours remontent au* XVII^e^ *siècle, mais ils sont plutôt travaillés et ne nous montrent donc pas comment les sceaux pouvaient être à l'origine. Ces* yantras *étaient le plus souvent réalisés par terre ou sur un sol dur avec des pâtes ou des poudres colorées, alors que les modèles qui devaient durer longtemps étaient reproduits sur des matériaux plus résistants comme le papier, le tissu ou le métal. Ils étaient parfois sculptés dans du cristal de roche, symbole de la plénitude du monde, de façon que la lumière puisse se concentrer sur un point précis du dessin. Nous ne savons pas encore si les mathématiques anciennes de l'Inde étaient suffisamment évoluées pour produire ces figures d'une manière systématique : sans doute faut-il y voir le fruit d'une grande imagination sensible aux formes géométriques, comme celle qui nous fascine tant dans les gravures de l'artiste néerlandais, Marius C. Escher.* (Catalogue de l'exposition *Tantra* (Hayward Gallery, Londres 1971), Éditions Thames and Hudson, Londres 1971.)

certaine adresse pour tracer des triangles dont les côtés devaient se croiser chaque fois en des points bien précis.

Après ce bref voyage aux origines, quelque peu tortueuses, de nos façons de compter et de nos représentations numériques, nous pouvons tirer quelques enseignements salutaires. L'intuition mathématique est loin d'être présente dans toutes les cultures primitives et antiques. Il semble qu'elle soit née dans très peu d'endroits et qu'elle se soit ensuite propagée avec la langue, les échanges et le commerce. Les étapes décisives qui ont permis au simple sens du nombre et à la description de la quantité de se transformer en un *système* potentiellement capable d'effectuer des opérations, ne sont intervenues qu'au sein d'une ou deux civilisations très développées. Ces étapes étaient loin d'être inévitables. Sans doute l'esprit humain a-t-il un penchant naturel pour l'intuition mathématique. L'histoire ne nous donne pourtant pas de preuve à l'appui de ce que j'avance. Il n'existe aucune trace de notion abstraite de nombre avant les débuts de la civilisation hellénistique.

## CHAPITRE III

# Qu'est-ce que les mathématiques ?

« La formule " deux et deux font cinq " ne manque pas d'attrait. »

DOSTOÏEVSKI

Il existe un grand éventail de points de vue philosophiques sur la nature et l'acquisition du savoir en général, et du savoir mathématique en particulier. Voyons les plus courants, il y en a quatre. D'abord l'*empirisme,* selon lequel toutes nos connaissances sont des acquisitions de l'expérience. Pour les empiristes, il n'y a pas de vérités nécessaires. Vient ensuite l'*idéalisme* qui imagine l'existence d'un monde à l'extérieur de notre esprit, où les choses vivent indépendamment de nous, et affirme que nos connaissances sont le résultat d'un processus de découverte. Puis la philosophie dite *opérationaliste,* plus récente, en vogue au tournant du siècle. Elle cherchait à définir la signification des choses en fonction d'une suite d'étapes ou d'« opérations » qu'il aurait fallu effectuer pour pouvoir les mesurer. Enfin, le *logicisme* traditionnel qui partage la même tendance limitative et cherche à réduire tout notre savoir à un système d'axiomes et de règles d'inférence, de sorte qu'il se trouve être *défini* comme l'ensemble de toutes les déductions possibles découlant de toutes les suppositions initiales possibles, logiquement cohérentes.

À chacune de ces grandioses doctrines correspond une façon de cerner et d'interpréter les mathématiques. Les empiristes soutiennent la théorie de l'*inventionnisme* : les mathématiques ne sont ni plus ni moins que des inventions des mathématiciens. Il s'agirait de purs produits de l'esprit à des fins particulières, de type pratique ou esthétique. Des entités mathématiques telles que les « ensembles » ou les « triangles » n'existeraient pas sans les mathématiciens. L'être humain invente les mathématiques, il ne les découvre pas. C'est la raison pour laquelle, selon les empiristes, nous trouvons les mathématiques si utiles... L'utilité des mathématiques n'est peut-être que le reflet de notre méconnaissance du monde, dont les aspects mathématiques sont les seuls que nous ayons réussi à comprendre.

Cette interprétation est plus répandue chez les « consommateurs » de mathématiques – chercheurs en sciences sociales ou économistes, par exemple – que chez les mathématiciens eux-mêmes. Son influence se remarque dans la profusion actuelle de livres portant des titres du genre *Modélisation mathématique des phénomènes sonores*, alors qu'il y a une centaine d'années, on aurait choisi un titre plus résolu et plus global comme *La Théorie du son*. L'accent mis sur le rôle que joue l'intervention humaine est étroitement associé à la démarche kantienne. À supposer qu'il existe bien une réalité ultime, nous ne pouvons l'appréhender sans filtrer nos observations et notre expérience à travers certaines catégories mentales qui la mettront en ordre pour nous la rendre compréhensible. Par conséquent, même si nous croyons l'Univers mathématique, cela ne signifie nullement qu'il le *soit* réellement, pas plus que nous ne pouvons affirmer que le ciel est rose sous prétexte que c'est ainsi qu'il nous apparaît quand nous chaussons des lunettes à verres roses.

Mais, si les mathématiques n'étaient qu'une invention de l'être humain et si les scientifiques s'en servaient seulement parce qu'elles sont utiles et disponibles, nous devrions distinguer des particularités culturelles significatives dans ce domaine. Or, quoique l'on remarque des variantes stylistiques dans la présentation des branches et des contenus étudiés çà et là, il ne s'agit que de nuances superficielles. On sait que les mêmes théorèmes ont été découverts par des savants nés sous différentes latitudes, à des périodes différentes de l'histoire, dans des milieux politiques, économiques et culturels qui n'avaient rien à voir les uns avec les autres, ce qui contredit cette vision simpliste des choses. De plus, ce phénomène insolite de découverte multiple de la même vérité mathématique, indépendamment du temps et du lieu, montre clairement la spécificité du génie créatif des mathématiques par rapport à la musique ou à l'art : le théorème de Pythagore, par exemple, est sorti de l'imagination de plus d'un savant à travers l'histoire. Ce qui prouve que les fondements des mathématiques existent bel et bien en dehors de l'esprit humain et ne sont pas totalement façonnés par notre mode de pensée.

Les adeptes de cette approche minimaliste de l'efficacité des mathématiques pourraient tenter d'aller un peu plus loin que Kant en argumentant que, s'il est vrai que nous possédons des catégories mentales qui filtrent notre connaissance brute du monde, celles-ci, cependant, déforment les choses de manière insignifiante. Car nos facultés mentales sont le résultat d'un processus de sélection naturelle qui doit bien choisir les représentations du monde qui sont les plus fidèles à la vraie nature de ce dernier. Ce sont nos yeux qui nous renseignent sur la vraie nature de la lumière, et nos oreilles qui nous révèlent la vraie nature du son. Si notre esprit avait modelé des représentations très éloignées de la réalité, celles-ci auraient survécu moins longtemps que des représentations plus fidèles. En fin de compte, cette argumentation fait plus que nous convaincre que les distorsions mentales dues aux catégories kantiennes pourraient être inoffensives ; elle nous explique l'origine de ces catégories et pourquoi des individus différents les partagent. Mais il y a quelque chose qui cloche dans cette théorie, si l'on veut une approche directe et réaliste des choses. Tandis que, d'un côté, elle semblerait nous garantir que notre conception du monde, y compris ses aspects mathématiques, est suffisamment précise pour nous permettre de survivre dans le processus de l'évolution, pourquoi est-ce que, de l'autre, elle prétendrait que nos représentations des objets les plus obscurs de l'Univers, qui n'ont aucun

nues. Dans sa célèbre intervention au Congrès international des mathématiciens de Bologne, en 1900, où il exposa ce qu'étaient, selon lui, les plus grands problèmes mathématiques encore irrésolus, son « Deuxième problème » n'était rien de moins que « démontrer la cohérence de l'arithmétique ».

Hilbert commença par essayer de le résoudre personnellement, selon une stratégie évidente. En partant de systèmes logiques très simples, beaucoup plus simples que l'arithmétique (l'arithmétique moins l'opération de soustraction, par exemple), il parvint à prouver qu'ils étaient cohérents en montrant qu'ils contiennent forcément une proposition qui ne peut être prouvée. La proposition qu'il utilisa était « 0 = 1 ». Pourquoi ? Il se basait sur la thèse bien connue selon laquelle, si un système logique contient une proposition fausse (et n'est donc pas cohérent), on peut utiliser cette proposition pour démontrer la vérité de n'importe quelle autre proposition. En conséquence de quoi, si on ne peut prouver la vérité d'une proposition, l'incohérence logique n'existe pas non plus. Lorsque Bertrand Russell soutint cette thèse lors d'une conférence publique, un importun, sceptique, lui lança le défi de démontrer que celui qui l'interpellait était le Pape si « deux et deux font cinq ». Bertrand Russell répondit du tac au tac : « Si deux et deux font cinq, alors quatre égale cinq et, si j'ôte trois, un égale deux. Donc, si le Pape et vous, vous êtes deux personnes, vous pouvez aussi n'en faire qu'une. »

Hilbert alla très loin avec cette méthode ; il démontra la cohérence de systèmes d'axiomes de plus en plus grands, y compris la géométrie euclidienne, et prouva aussi incidemment que le choix des axiomes qu'avait fait Euclide avait été bien inspiré : ils s'avéraient à la fois tous cohérents et tous logiquement indépendants les uns des autres. Hilbert s'attendait certainement à pouvoir y ajouter les quelques axiomes supplémentaires nécessaires pour élargir le système et y inclure toute l'arithmétique de façon à terminer tranquillement la tâche qu'il s'était fixée : les mathématiques auraient été ainsi emprisonnées dans la toile d'araignée de la certitude. Hilbert aurait démontré que les axiomes de l'arithmétique étaient cohérents et qu'une proposition était soit vraie soit fausse selon une procédure fixée une fois pour toutes. Manque de chance, son entreprise échoua, d'une façon tout à fait inattendue, presque du jour au lendemain. En 1931, Kurt Gödel, un jeune inconnu de l'université de Vienne, démontra que l'objectif de Hilbert ne pouvait être atteint. Quel que soit l'ensemble des axiomes de départ choisis, quel que soit l'ensemble des règles cohérentes adoptées pour manipuler les symboles mathématiques nécessaires, pourvu que le système soit assez grand pour comprendre l'arithmétique, il existera toujours une proposition exprimable dans le langage de ces symboles dont on ne pourra décider si elle est vraie ou fausse en se servant de ces axiomes et de ces règles. Ce qui veut dire que la vérité mathématique va au-delà des axiomes et des règles. Essayez de résoudre le problème en ajoutant une nouvelle règle ou un nouvel axiome. Vous aurez fait naître de nouvelles propositions, à leur tour indécidables. Échec et mat : la méthode de Hilbert ne marche pas. Si vous voulez comprendre à fond les mathématiques, il faut sortir des mathématiques.

Kurt Gödel réussit à faire sa démonstration en réutilisant d'une façon plus savante une vieille idée de Leibniz. Il trouva un moyen unique d'associer nombres et propositions logiques pour que n'importe quelle proposition *concernant* les mathématiques puisse être représentée par un nombre (que l'on appelle maintenant son « nombre de Gödel ») et qu'inversement, étant donné un nombre quelconque, on puisse trouver la proposition à laquelle il se conforme. Gödel fait une nette distinction entre propositions mathématiques (c'est-à-dire les propositions *des* mathématiques) et propositions métamathématiques (c'est-à-dire les propositions *concernant* les mathématiques). « 2 + 2 = 4 », par exemple, est une proposition mathématique, alors que « 2 + 2 = 5 est faux » est une proposition métamathématique. Avec l'« attribution du nombre de Gödel », le jeune savant autrichien venait d'établir une correspondance directe entre arithmétique et propositions *concernant* l'arithmétique. Considérons alors la proposition suivante : « Le théorème qui a pour nombre de Gödel X est indécidable. » Son nombre de Gödel peut se calculer, appelons-le G. Si nous remplaçons maintenant la valeur de G par celle de X dans la proposition, nous aurons un théorème qui démontre lui-même qu'il est indémontrable. Gödel avait exploité l'existence des fameux paradoxes métamathématiques de la logique pour démontrer qu'il était impossible de savoir si l'arithmétique était vraie ou fausse au moyen de la correspondance directe entre mathématiques et métamathématiques.

Les recherches de Hilbert, et avec elles l'espoir d'emprisonner les mathématiques dans la camisole de force du formalisme, avaient échoué. Des axiomes assez grands pour englober l'arithmétique sont forcément incomplets ; autrement dit, il existe des énoncés arithmétiques dont on ne peut prouver la vérité ou la fausseté en utilisant les axiomes et les règles de la déduction arithmétique. Plus tard, Gödel ira encore plus loin, en démontrant qu'on ne peut prouver la cohérence propre d'aucun système logique englobant l'arithmétique. Admettons qu'une « religion » puisse se définir ainsi : « système d'idées comportant des propositions indémontrables ». Eh bien, Gödel nous a appris que les mathématiques sont non seulement une religion, mais encore la seule religion qui peut nous en donner la preuve.

La démonstration de Gödel (l'énoncé indécidable est inévitable) a énormément influencé d'autres domaines de la pensée : on a senti ses implications sur les limites de la compréhension que nous pourrions avoir de l'Univers physique à l'aide des outils mathématiques ; d'aucuns ont prétendu que notre capacité de « voir » la vérité de l'affirmation de Gödel signifiait que l'esprit humain ne pouvait se réduire à un système formel, et que les tentatives de certains défenseurs acharnés de la théorie de l'« intelligence artificielle » visant à réduire l'esprit au fonctionnement d'un seul algorithme ne pourraient jamais aboutir. On a également vu apparaître, nous les aborderons plus loin, de nouvelles formes du théorème de

Gödel qui l'associent aux notions de complexité et de hasard.

Avant de quitter le théorème de Gödel, je voudrais vous soumettre un exemple de proposition mathématique simplissime et pourtant indécidable. On dit qu'un ensemble est *grand* quand il contient plusieurs nombres ayant la valeur de son plus petit élément. Si un ensemble n'est pas *grand*, nous dirons qu'il est petit. Donc, l'ensemble formé de {3, 6, 9, 46, 78} est grand parce qu'il a plus de trois éléments, alors que {21, 23, 45, 100} est petit parce qu'il a moins de vingt et un éléments. Prenons maintenant une série de nombres suffisamment grande et divisons-la en deux groupes, n'importe comment. Un groupe sera toujours l'ensemble qui est *grand*, mais ce que recouvre la notion de « suffisamment grande » reste indécidable.

Même si l'on n'avait pas prouvé que les objectifs du formalisme peuvent difficilement être atteints, cette philosophie se serait vite révélée très insatisfaisante, étant donné que n'importe quelle proposition peut être vraie dans un système d'axiomes. De plus, si nous élargissons le système d'une manière ou d'une autre en ajoutant d'autres axiomes, nous devons considérer que toutes les structures qui en font partie sont distinctes de celles qui appartenaient à l'ancien système. D'un point de vue technique, les triangles du nouveau système ne sont pas les mêmes que ceux de l'ancien. Pourtant nous avons l'impression qu'ils se ressemblent. Sans parler du fait que nous savons parfaitement que le formalisme ne s'occupe que d'une partie du travail réellement effectué par les mathématiciens. Les mathématiques se sont développées et épanouies pendant des millénaires avant l'apparition du formalisme. Tout bien considéré, à l'échelle de l'histoire, celui-ci a l'air d'un repentir de comptable.

Quoique ses points faibles aient été très vite découverts, le formalisme ne disparut pas complètement. Maints chercheurs en mathématiques pures étaient bien contents de continuer ainsi leur petit bonhomme de chemin, malgré le fait que l'arithmétique (comme tout autre raisonnement logique plus savant) puisse effectivement ne pas être cohérente étant donné qu'il était impossible de démontrer le contraire. L'arithmétique s'en était pas mal sortie jusque-là en échappant à tous les désastres. Les praticiens continuaient d'espérer, en toute quiétude, que rien ne viendrait troubler la paix de leurs calculs.

Tant et si bien qu'une version atténuée du formalisme continua de sévir, jusqu'à nos jours. C'est une façon de voir les mathématiques qui évite de se mêler du débat philosophique sur leur signification. Elle attire donc tous ceux qui accordent une grande importance à la technique et tiennent à distinguer mathématiques pures et mathématiques appliquées. Le drapeau fatigué du formalisme a connu ses heures de gloire grâce à un groupe de mathématiciens français, connu sous le pseudonyme de « Nicolas Bourbaki », qui a fait paraître, ces cinquante dernières années, une trentaine d'ouvrages sur les structures fondamentales des mathématiques, dont la géométrie et l'arithmétique sont des exemples particuliers. Le groupe incarne les derniers espoirs des formalistes :

triomphe de l'axiomatisme, de la rigueur et de l'élégance sans âme ; rejet du diagramme, de l'exemple et du particulier ; valorisation de l'abstrait et du général. Le groupe Bourbaki ne cherche pas à découvrir de nouveaux résultats. Ce qu'il veut, c'est codifier tout ce que l'on connaît déjà d'une nouvelle façon, plus succincte et plus abstraite. Ses textes sont le fin du fin pour les hommes de l'art.

Jean Dieudonné, membre fondateur du groupe, est convaincu que cette démarche formelle représente l'essence même des aspirations de toute science qui se respecte, puisque « l'étude scientifique d'une classe entière d'objets présuppose que les particularités qui distinguent ces objets les uns des autres soient laissées de côté exprès et que seules leurs caractéristiques communes soient prises en considération. Ce qui distingue les mathématiques de ce point de vue, c'est leur singulière insistance à suivre ce programme jusqu'à ses ultimes conséquences. Les objets mathématiques doivent être considérés comme *complètement* définis par les axiomes qui sont utilisés dans la théorie qui concerne ces objets ; ou, comme le dit Poincaré, les axiomes sont des " définitions déguisées " des objets dont ils s'occupent ».

Le projet Bourbaki est né en 1939 et il a une drôle d'histoire. Il semble que personne ne sache pourquoi les jeunes Français qui se lancèrent dans cette aventure ont choisi le nom de ce personnage fantomatique. Ils se seraient inspirés, dit-on, de la personnalité excentrique d'un officier de l'armée française, le général Charles Denis Sauter Bourbaki, qui s'était distingué pendant la guerre franco-allemande et aurait même décliné l'offre du trône de Grèce en 1862. Dix ans plus tard, la chance lui ayant tourné le dos, on le retrouve avec ses soldats prisonnier en Suisse où il tente de se suicider. Sans succès. Il a sa statue à Nancy. On sait que les membres du groupe, au début de leur carrière, ont arpenté les couloirs de l'université lorraine. On raconte bien d'autres anecdotes sur le compte du véritable Bourbaki. Vraies ou fausses ? Probablement inventées par les « bourbakistes » pour continuer d'entretenir la légende.

Malgré les limites qu'avaient imposées les découvertes de Gödel, le groupe Bourbaki chercha à codifier et à unifier la partie « décidable » des mathématiques, en se concentrant sur les *structures* algébriques créées par les différents ensembles d'axiomes et de règles propres aux diverses branches de cette matière. Son seul souci : organiser les différentes parties du savoir mathématique en un corpus commun, de façon à pouvoir reconnaître les analogies entre des structures superficiellement distinctes et à les exploiter de manière transversale. Les mathématiques, pour le groupe Bourbaki, sont purement et simplement le produit du travail des mathématiciens : « une création humaine, pas une révélation divine », un être vivant en plein développement auquel il faut imposer une organisation si on veut lui éviter de sombrer dans le chaos.

Cependant l'objectif que le groupe s'est fixé d'organiser les mathématiques au sein d'un beau réseau de raisonnements logiques est toujours hanté par l'absence de preuve de cohérence propre. Ce spectre, il l'affronte avec pragmatisme en recourant à l'expérience et en croyant que cette défaillance n'aura que des conséquences marginales et négligeables. Il suffit d'accepter de vivre un peu dangereusement : « Nous pensons que les mathématiques sont destinées à survivre et que les parties essentielles de ce majestueux édifice ne s'écrouleront jamais à cause de l'apparition soudaine d'une contradiction ; mais nous ne prétendons pas que cette opinion repose sur autre chose que l'expérience. C'est peu, dira-t-on. Mais les mathématiciens corrigent leurs propres erreurs depuis vingt-cinq siècles, en ayant vu leur science s'enrichir, et non s'appauvrir, pour cette raison ; cela leur donne le droit d'envisager l'avenir avec sérénité. »

Comble d'ironie, malgré l'envie du groupe Bourbaki de libérer les mathématiques de toute espèce de lien avec le monde réel, son recours au monde réel comme élément de cohésion fait de ces mathématiques (dont la cohérence propre est indémontrable) une science comme les autres !

Les spécialistes des mathématiques appliquées affichent souvent une certaine hostilité à l'égard de la philosophie bourbachique. Ils ont l'impression qu'elle sépare la pratique des mathématiques des problèmes physiques et du monde des choses réelles qui font naître les idées nouvelles. Le projet Bourbaki a malgré tout exercé une grande influence : dans les années soixante et soixante-dix, par exemple, il était parvenu à faire adopter de nouveaux programmes (les « mathématiques modernes ») destinés à rénover l'enseignement des mathématiques dans les lycées de nombreux pays. Son approche s'écartait franchement du modèle traditionnel qui mettait surtout l'accent sur le maniement et la solution des problèmes. La bonne vieille arithmétique, la géométrie, le calcul, les taux d'intérêt, les logarithmes étaient mis au placard pour laisser la place aux ensembles, aux groupes et autres figures mathématiques abstraites. Avec le recul, l'expérience ne s'est pas révélée convaincante. L'enseignement actuel semble être revenu à une approche moins abstraite. Les « mathématiques modernes » ne plaisaient pas aux parents. Ils se sentaient frustrés de voir leurs enfants incapables de comprendre le b.a.-ba des mathématiques traditionnelles. Ajoutons qu'ils ne comprenaient pas eux-mêmes ce qu'on enseignait à leurs chères têtes blondes et qu'ils étaient bien démunis pour les aider en cas de difficultés.

Il y a dix ans, une enquête menée parmi les praticiens révélait que 30 % d'entre eux étaient formalistes comme les Bourbaki. Pourquoi ce choix ? Le travail mathématique, pour une bonne part, est loin d'être un travail de « découverte », comme on le croit communément ; ce qui domine, au contraire, c'est le « raffinage », c'est-à-dire le traitement des démonstrations longues et compliquées, afin de les rendre de plus en plus courtes et simples, jusqu'à ce qu'on puisse affirmer que le raisonnement est « évident » ou « banal », ce qui revient à dire, pour les spécialistes, qu'on ne peut pousser le raisonnement plus loin. Bref, on se contente de slalomer dans une suite d'opérations vérifiées depuis longtemps. Pour faire cela, il est probablement plus pratique de se conduire en formaliste, même si, à la réflexion, bien calé dans son fauteuil, le dimanche, on considère d'un autre œil les implications d'une perspective aussi réductrice.

Le groupe Bourbaki doit également essayer de répondre à la question posée par Einstein : « Comment se fait-il que les mathématiques, qui sont issues de la pensée humaine indépendamment de toute expérience, s'appliquent si parfaitement aux objets de la réalité ? »

Lui a bien compris que le véritable travail du mathématicien est d'élucider les structures de base de la logique. Explorées à fond, elles parviendront à englober toutes les relations sanctionnées par la logique. Le monde qui nous entoure est considéré comme une spécification de certaines de ces structures, de sorte qu'elles peuvent être prises comme exemples et modelées par les relations particulières qui relient les choses concrètes entre elles. Les structures mathématiques formelles sont dénuées de sens, affirme-t-on. On pourrait retourner l'argument : au lieu de dire qu'elles ne s'appliquent donc à rien, on pourrait dire qu'elles peuvent s'appliquer à tous types de phénomènes. Comme ceux que l'on observera dans l'Univers. Le groupe Bourbaki écrit qu'en ce qui concerne « le grand problème des relations entre le monde empirique et le monde mathématique, [nous observons] que le lien étroit entre les phénomènes expérimentaux et les structures mathématiques semble être pleinement confirmé, de la façon la plus inattendue, par les récentes découvertes de la physique moderne. Toutefois, nous en ignorons complètement les raisons sous-jacentes (à condition que l'on puisse donner un sens à ces mots) [...]. Mais, d'un côté, la physique des quanta a montré que cette macroscopique intuition de la réalité ["découlant d'intuitions immédiates sur l'espace"] embrassait des phénomènes microscopiques d'une nature totalement différente, reliés à des zones des mathématiques que l'on n'avait nullement pensé à appliquer aux sciences expérimentales. La méthode axiomatique, de l'autre, a montré que les "vérités" à partir desquelles elle avait espéré développer les mathématiques n'étaient que des aspects particuliers de concepts plus généraux, dont la signification ne se limitait pas à ces domaines. En fin de compte, il s'avéra que [...] ce lien étroit, dont nous devions jadis admirer l'harmonieuse nécessité intérieure, était tout simplement un contact fortuit entre deux disciplines dont les connexions réelles sont cachées beaucoup plus profondément qu'on ne le croyait *a priori* ».

La façon la plus simple de voir les mathématiques est de soutenir que le monde *est*, au sens profond, mathématique. Les abstractions mathématiques existent bel et bien. Les mathématiciens les découvrent, ils ne les inventent pas. Le nombre « Pi » existe réellement dans le ciel. Avec ou sans les mathématiciens, les mathématiques existent. C'est un langage universel que l'on pourrait utiliser pour communiquer avec des habitants d'autres planètes dont l'évolution serait tout à fait indépendante de la nôtre (il est intéressant de noter que cette idée semble être implicitement admise par tous ceux qui se consacrent à la « recherche de l'intelligence extra-terrestre » et bombardent l'espace de messages mathématiques et d'informations sur le genre humain). Pour le réaliste, le nombre 7 est une idéalité, une idée immatérielle qui ne se concrétise que dans des cas précis comme les sept nains, les sept épouses ou les sept frères. Cette façon de voir les choses, on l'appelle parfois le *platonisme mathématique*, parce qu'il défend l'idée de l'existence d'un autre monde fait de formes mathématiques parfaites constituant les matrices d'où découle notre expérience imparfaite. De plus, il considère que notre élaboration mentale des données sensorielles n'aurait aucune conséquence sur la nature mathématique de la réalité. Des opinions de ce genre semblent impliquer que Dieu serait un mathématicien. Et, de fait, si tout l'Univers matériel peut être décrit par les mathématiques (comme le suppose la cosmologie moderne), il doit bien exister une logique immatérielle plus vaste que cet Univers matériel.

L'introduction d'une interprétation platonicienne des mathématiques fait naître un étonnant parallèle entre mathématiques et théologie. Toute la panoplie des propriétés et des attributs de Dieu établie par les premiers théologiens néo-platoniciens peut être utilisée presque mot pour mot pour décrire les mathématiques. Il suffit de remplacer le mot « Dieu » par le mot « mathématiques ». Les mathématiques des platoniciens transcendent le monde : elles existaient avant la création du monde matériel, elles existeront encore après sa disparition. Lorsque les philosophes de l'Antiquité essayaient d'intégrer des concepts comme les lois de la Nature au cadre théologique de l'Univers, ils y réussissaient sans peine. Ils savaient même incorporer à leur système, sous une forme opportune, l'interruption du cours des lois de la

Nature, c'est-à-dire le miracle. Mais la toute-puissance de Dieu s'accommode mal avec les mathématiques. Nous pouvons imaginer qu'une loi de la Nature soit interrompue ou enfreinte (puisque ce que nous observons, ce ne sont pas les lois elles-mêmes, mais leurs résultats), mais est-il possible d'enfreindre une loi de la logique ou des mathématiques ? La théologie médiévale était profondément divisée sur la question suivante : la toute-puissance de Dieu est-elle compatible avec ce monde – Sa Création – où existent les impossibilités mathématiques ? Spinoza pensait que cette liberté existait bien, mais contre lui se dressaient les défenseurs de l'idée que Dieu ne possédait nullement cette marge de manœuvre parce qu'elle n'existait pas. Ce qui laisserait supposer que la puissance divine est soumise aux lois de la logique et des mathématiques. La réalité mathématique platonicienne s'opposait à la puissance divine omnisciente et omniprésente. On pourrait poursuivre cette discussion et découvrir d'autres aspects du dilemme, comme le problème du mal ou celui de la révélation par opposition à la rationalité de la découverte mathématique, mais cela nous entraînerait trop loin.

Les réalistes considèrent l'incroyable efficacité des mathématiques à décrire la Nature comme une preuve évidente de leur théorie. La plupart des scientifiques et des mathématiciens effectuent leur travail quotidien au bureau comme si le réalisme était vrai, alors qu'ils n'auraient jamais le courage de le défendre bec et ongles en public. Seulement, le réalisme ainsi conçu révèle un aspect vraiment extraordinaire. Si nous pouvons imaginer l'existence d'un projet mathématique qui serait à la base de l'évolution de l'Univers où vivent des observateurs comme nous (et cela, bien sûr, nous l'imaginons aisément), le même scénario existe alors dans tout l'Univers : il doit y avoir des observateurs intelligents ailleurs.

Le platonisme n'est pas non plus sans contradictions. Certains points restent dans le vague. Où se trouve cet autre monde d'abstractions mathématiques que nous allons découvrir ? Comment faire pour entrer en contact avec lui ? Si les entités mathématiques existent vraiment au-delà du monde physique des choses concrètes dont nous avons l'expérience directe, il semblerait alors que la seule façon de pouvoir entrer en contact avec lui soit une espèce d'expérience mystique, qui ressemblerait plus à une séance de spiritisme qu'à une démarche scientifique. Nous ne pouvons traiter l'acquisition du savoir mathématique comme nous traitons d'autres formes de connaissance du monde concret. Celles-ci, nous les jugeons pleines de sens pour la bonne raison que nous réagissons par hasard aux objets que nous parvenons à connaître, alors que nous ne pouvons pas entrer en contact avec les entités mathématiques par hasard. L'attitude platonicienne nous pose de gros problèmes sur le plan métaphysique. Gödel, qui la défendait avec insistance, croyait à l'existence d'une réalité immatérielle avec laquelle nous pourrions établir « d'autres types de rapports ». Roger Penrose considère le théorème de Gödel – celui qui démontre lui-même qu'il est indémontrable – comme un signe de la conscience humaine. Quelle idée bizarre ! Cela voudrait dire que celui qui ne saisit pas le sens et la vérité du théorème de Gödel ne serait pas, en quelque sorte, complètement conscient. Qu'en est-il alors de l'enfant ou du non-mathématicien ?

La dernière réponse au vent d'incertitude qui s'était abattu à la suite des paradoxes logiques, donnant naissance au formalisme, au début du siècle, fut le *constructivisme,* la version mathématique de la doctrine de l'opérationnalisme. Au départ, selon Léopold Kronecker, l'un de ses fondateurs, il fallait reconnaître que « Dieu a créé les nombres entiers, le reste, c'est l'homme qui l'a fait ». Il voulait dire par là que nous ne devrions accepter comme point de départ que les notions mathématiques les plus simples – les nombres entiers 1, 2, 3, 4... et le calcul – et déduire tout le reste par étapes successives à partir de ces notions intuitivement évidentes. En prenant cette position conservatrice, les constructivistes entendaient éviter de rencontrer et de manier des entités comme les ensembles infinis dont on ne peut avoir aucune expérience concrète et qui possèdent des propriétés qui n'ont rien à voir avec l'intuition (l'infini moins l'infini peut encore être égal à l'infini, par exemple, comme on le voit en soustrayant tous les nombres pairs aux nombres naturels : il reste encore tous les nombres impairs). C'est la raison pour laquelle on appelle aussi *intuitionnisme* le constructivisme, pour souligner qu'il repose sur le principe de base qu'est l'intuition chez l'être humain.

Pour les constructivistes, les mathématiques ne sont qu'une série de propositions pouvant être élaborées suivant un nombre fini d'étapes déductives à partir des nombres naturels. Le « sens » d'une formule mathématique n'est autre que la suite finie des calculs effectués pour la construire. Cette façon de voir les choses peut paraître inoffensive. Elle entraîne en fait des conséquences terribles : elle crée une nouvelle catégorie de proposition mathématique. Car chaque proposition peut maintenant se voir attribuer trois valeurs : vraie, fausse, *ni vraie ni fausse* (ou « indécidable »). Une proposition dont la vérité ne peut être déterminée par un nombre *fini* d'étapes de construction reste dans les limbes. Conséquence majeure d'un tel choix, une proposition n'est plus exclusivement *soit* vraie *soit* fausse. Ces trois possibilités nous rappellent les tribunaux écossais qui peuvent rendre un verdict de culpabilité, d'acquittement ou « d'absolution pour manque de preuves » (dans ce cas, l'accusé peut être à nouveau jugé pour le même délit), alors que les tribunaux anglais ou américains ne peuvent que le déclarer « coupable » ou « non coupable ».

Les mathématiciens préconstructivistes avaient trouvé différentes manières de démontrer la vérité de formules ne répondant pas au critère du nombre fini d'étapes d'élaboration. La méthode de prédilection des Grecs, durant l'Antiquité, était la *reductio ad absurdum* (le raisonnement par l'absurde). Pour démontrer que quelque chose est faux, supposons le contraire au départ, disons que c'est vrai, et à partir de cette hypothèse, on aboutira à un résultat absurde (2 = 1, par exemple), ce qui prouvera que l'hypothèse de départ était bien fausse. Cette méthode s'appuie sur l'acceptation de l'idée qu'une vérité ne peut être que vraie ou fausse. Mais, selon les règles constructivistes, il ne s'agit pas d'une démarche valable puisqu'une proposition n'est tenue pour vraie que si elle peut être démontrée de façon explicite suivant un nombre fini d'étapes déductives. L'ensemble des théorèmes mathématiques qui prouvent l'existence de quelque chose, sans pour autant en élaborer un exemple explicite, ne sont donc pas tenus pour valables.

Cette philosophie des mathématiques aurait des conséquences intéressantes, quoique encore inexplorées, si les physiciens l'adoptaient, parce que de nombreuses théories fondamentales, comme la relativité générale d'Einstein ou la mécanique quantique de Niels Bohr, s'appuient en grande partie sur le raisonnement non constructiviste pour décrire les propriétés de l'Univers. Pour la plupart des mathématiciens cette stratégie est assez ingrate ; un peu comme si on luttait avec un bras attaché dans le dos. Les fameux théorèmes de Stephen Hawking et de Roger Penrose sur la singularité cosmologique sont du même acabit : ils fournissent des conditions suffisantes à l'appui de l'existence d'un début du temps en déduisant une contradiction de l'hypothèse que ce début n'existerait pas. Ces théorèmes n'élaborent pas explicitement la singularité du début (bien qu'il existe diverses solutions cosmologiques exactes, tirées de la relativité générale, possédant une singularité constructive rapportée à un temps précis et fini du passé) et, par conséquent, ils ne sont pas « vrais » selon les mathématiques constructivistes.

En général, tous les physiciens utilisent les arguments des mathématiques constructivistes sans y réfléchir à deux fois. Le seul domaine de la physique où l'on a appliqué des restrictions à cette méthode et à sa logique à trois volets est celui de la mesure des quanta. On l'a adoptée comme compromis pour résoudre les problèmes soulevés par le paradoxe de Einstein-Podolsky-Rosen. Il n'en reste pas moins que, même si la vision constructiviste est correcte d'un point de vue formel, elle gêne nos tentatives d'élaboration d'une théorie de Tout.

Les petits groupes d'ardents défenseurs de la doctrine constructiviste ont toujours existé. Son avocat le plus dogmatique fut l'éminent mathématicien hollandais Luitzen Brouwer, membre du comité de rédaction de la revue allemande *Mathematische Annalen* (qui faisait autorité à l'époque), qui partit en guerre contre ses adversaires en refusant la publication de tous les articles qui ne suivraient pas ses principes, qui traiteraient de l'infini ou du raisonnement par l'absurde. Cette attitude provoqua une certaine animosité entre les praticiens, surtout entre Brouwer et Hilbert, le rédacteur en chef des *Annalen*. Hilbert n'aimait pas trop Brouwer, individu bizarre, caractériel et instable, et se sentait menacé par la popularité de sa nouvelle philosophie. Hilbert craignait pour l'avenir des mathématiques. Il avait peur d'un retour en arrière, aux années noires. Malade, se sentant proche de la fin, voulant préserver et l'avenir de la revue et celui de sa discipline, il décida de se séparer de Brouwer dont il sentait l'emprise sur les collaborateurs de la revue. À l'issue d'une dispute longue et acharnée, qui semblait ridicule vue de l'extérieur (Einstein, autre membre influent du comité de rédaction, l'appela « la grande bataille des souris et des grenouilles »), Hilbert en sortit vainqueur. Le comité de rédaction fut dissous et reconstitué sans Brouwer, qui se retira un temps du monde des praticiens, pour n'y revenir que vers la fin de sa vie, en brandissant encore le drapeau intuitionniste. Paranoïaque, misanthrope, il vécut solitaire et rempli d'amertume.

Après mûre réflexion, le constructivisme semble décidément bien étrange. Il définit les mathématiques d'une façon anthropocentrique comme la somme de toutes les déductions tirées d'un nombre fini d'étapes en se fondant sur les bases de l'intuition humaine : les nombres naturels. Tout ce qui précède ce processus d'élaboration n'est pas mathématique. Mis à part la position anticopernicienne, nous avons vu que l'idée selon laquelle il existerait une « intuition » universelle des nombres naturels n'a aucun fondement historique. Un constructiviste ne sera jamais en mesure de dire si mon intuition est identique à la vôtre, si elle a évolué chez l'être humain et évoluera encore à l'avenir. Ces mathématiques fondées sur l'intuition sont un phénomène récurrent qui varie selon l'époque et la personnalité de leur artisan. On dirait une branche de la psychologie. Pourquoi partir des nombres naturels ? Qu'est-ce qu'une étape de construction ? Pourquoi certaines constructions se révèlent-elles plus utiles et plus adaptées au monde réel que d'autres ? Pourquoi ne pourrions-nous pas avoir d'intuition sur les diverses formes de l'infini ? Comment expliquer l'utilité de concepts non constructifs dans l'étude du monde physique ? Après tout, l'intuition humaine a pourtant conçu les ensembles infinis.

Il n'en demeure pas moins que le constructivisme a quelque chose à nous apprendre sur le caractère mathématique de la Nature. Nous nous sommes aperçus qu'il a hérité des recherches formalistes de Hilbert après que ce dernier fut mis en déroute par la découverte de Gödel. Nous avons compris qu'il y aura toujours des propositions dont nous ne pourrons démontrer ni la vérité ni la fausseté ; mais que dire alors de toutes ces propositions dont la vérité peut être décidée en se servant des méthodes traditionnelles des mathématiques ? Combien d'entre elles les constructivistes pourraient-ils démontrer ? Savons-nous fabriquer, du moins en principe, un ordinateur qui pourrait lire les données fournies en entrée, afficher l'état initial de la machine, et qui posséderait un processeur capable de déterminer l'état suivant, et l'utiliser ensuite pour décider si une proposition donnée est vraie ou fausse au bout d'un temps fini ? Savons-nous construire une « machine » qui pourrait juger à notre place si les propositions décidables des mathématiques sont vraies ou fausses ?

Contrairement à l'attente de nombreux mathématiciens, la réponse est de nouveau *non*. Alan Turing à Cambridge, Emil Post et Alonzo Church à Princeton ont démontré qu'il existe des propositions sur lesquelles on pourrait passer un temps fou, infini, avant de prouver leur vérité. Elles sont, en effet, infiniment plus profondes que la logique du calcul par étapes successives. L'ordinateur idéal que nous venons de décrire s'appelle la *machine de Turing* ; c'est le *nec plus ultra* en informatique. Pour résoudre les problèmes, elle est d'une puissance inégalée.

Les opérations mathématiques que la machine de Turing ne peut effectuer en un temps fini sont qualifiées d'*incalculables*. On en connaît de nombreux exemples et leur existence même pose des questions intéressantes en physique. Nous ne savons pas si la Nature contient des objets incalculables dans son tissu. Si le fonctionnement de l'esprit humain ou le phénomène de la conscience, par exemple, implique des opérations incalculables, on ne réussira jamais à produire une intelligence artificielle, à fabriquer un ordinateur capable d'imiter l'esprit humain dans toute sa complexité. Dans quelle mesure cette limitation a-t-elle une incidence au niveau pratique, cela dépend naturellement de l'importance des aspects incalculables pour le fonctionnement du cerveau. Il paraît improbable que l'on puisse en ce moment résoudre un tel problème.

Revenons à l'énigme du début : « Peut-on appliquer les mathématiques à la Nature ? » et essayons de la reformuler en termes de calculabilité. Si une opération est calculable, cela signifie que nous pouvons fabriquer un instrument dont le comportement imitera l'opération. C'est le cas des pendules et des impulsions électriques. À l'inverse, des mécanismes physiques comme ceux-ci peuvent être correctement décrits par des opérations mathématiques calculables. Le fait que les mathématiques décrivent bien la Nature équivaut au fait que les opérations mathématiques les plus simples, comme l'addition et la multiplication, et les opérations plus compliquées utilisées avec tant d'efficacité dans les sciences, sont des fonctions calculables. Si elles ne l'étaient pas, elles ne pourraient être équivalentes à aucun processus naturel et nous ne serions pas si époustouflés par l'utilité pratique des mathématiques. Même si nous reconnaissions à ces processus des qualités mathématiques, nous ne tiendrions pas les mathématiques pour un langage si précieux pour prédire ou décrire la marche du monde.

Quoi de plus passionnant que de se demander si les lois de la Nature contiennent oui ou non des éléments incalculables. La tentative de création d'une théorie des quanta applicable à tout l'Univers a déjà laissé entrevoir cette possibilité. Il existe bel et bien des attributs de l'Univers potentiellement observables qui sont définis par des sommes infinies de termes qui ne sont pas globalement calculables. Il n'est pas possible de les insérer dans un calcul systématique qui appliquerait automatiquement les mêmes principes. Chaque élément, pour être calculé, nécessite l'utilisation de principes nouveaux et différents, sur le plan qualitatif. Malheureusement, nous ne savons pas s'il sera possible de déterminer la valeur de ces éléments observables d'une façon différente mais qui soit aussi calculable.

Nous avons établi une distinction entre les opérations qui sont calculables et celles qui ne le sont pas. Mais dans la vie de tous les jours, savoir qu'elles le sont ne présente pas un grand intérêt si le programme chargé d'effectuer les calculs nécessaires doit employer un million d'années pour arriver au bout de ses peines. Le monde pourrait être mathématique et regorger de fonctions calculables, profondes et savantes. À quoi bon, si pour les calculer nos ordinateurs doivent travailler pendant des milliers d'années ? D'ailleurs notre monde moderne exploite amplement l'existence de ces problèmes si « difficiles » à résoudre. Les codes les plus compliqués, utilisés pour protéger des secrets militaires ou commerciaux, se basent sur des systèmes de codage en pratique inviolables, alors qu'ils ne le sont pas en principe. Je veux dire par là que les ordinateurs actuellement les plus rapides employeraient des milliers d'années pour tenter de découvrir le code (qu'à ce moment-là on aurait évidemment changé depuis longtemps).

De tels codes utilisent des opérations mathématiques appelées fonctions-pièges, qu'il est extrêmement facile d'utiliser dans un sens mais quasiment impossible d'intervertir, de même qu'il est très facile de tomber dans un piège mais pas si facile que cela d'en sortir. Prenons, par exemple, deux nombres premiers très grands, dont chacun est composé d'une centaine de chiffres, et multiplions-les. Un ordinateur peut effectuer l'opération en une seconde. Mais donnez à un ordinateur, quel que soit le résultat, ce nombre de deux cents chiffres, et demandez-lui de trouver les deux nombres premiers qui le divisent : il a de quoi travailler une vie entière. Cet exemple montre bien que l'Univers pourrait être soumis à un code mathématique, dont le codage dépendrait des lois de la Nature. On pourrait même découvrir le code, sans doute, à l'aide de ces seuls principes que sont symétrie, cohérence et simplicité, mais nous serions bien en peine, pratiquement, de l'appliquer en sens inverse pour déchiffrer la vraie nature des choses à partir de leur apparence codée.

Voici une illustration des fonctions-pièges. L'exemple est simple comme bonjour. Je veux vous envoyer un message secret. Pour le « coder », j'utilise une méthode plutôt grossière. Je mets le message dans une boîte métallique fermée avec un cadenas. Le « décoder » revient à ouvrir le cadenas. Mais comment vais-je faire pour vous adresser le message sans vous envoyer la clef, qui risquerait de tomber entre les mains d'un individu malintentionné prêt à la voler ? *A priori*, cela paraît impossible. Et pourtant. Je vais fermer la boîte avec le cadenas et vous l'envoyer, en gardant la clef. Vous allez y mettre un *autre* cadenas, le fermer, conserver votre clef et me renvoyer la boîte avec les deux cadenas. À ce moment-là, je vais ôter mon cadenas avec ma clef et vous retourner la boîte. Vous pourrez alors ouvrir votre cadenas avec votre clef et prendre, enfin, le message. Aucun de nous deux n'aura eu besoin de la clef de l'autre !

Dans la vie courante on utilise plutôt les codes chiffrés que les clefs de cadenas. Comment procède-t-on ? Vous codez votre message avec un nombre N composé d'une ribambelle de chiffres, et le multipliez par *votre* nombre premier secret à plusieurs chiffres p. Vous obtenez Np. Vous me transmettez Np, que je multiplie par *mon* nombre premier secret q, qui donne le résultat Npq. Si je vous renvoie Npq, vous pourrez le diviser par p pour obtenir Nq que vous me renverrez. Moi, je le diviserai par q, et j'obtiendrai N, qui est le message. Moi, je n'ai besoin à aucun moment de connaître p et vous, vous n'avez besoin à aucun moment de connaître q. Et admettons que quelqu'un intercepte les nombres que nous nous transmettons au fur et à mesure. Il aura sous les yeux un nombre composé de plusieurs chiffres, dont il devra trouver les diviseurs de départ. Bon courage, ça pourra prendre quelques dizaines ou centaines d'années ! Pour parer à toute éventualité, de temps en temps nous changerons nos nombres p et q. L'idée est toute simple. Et géniale. On ne l'utilise que depuis une vingtaine d'années.

CHAPITRE IV

# Les mathématiques aujourd'hui

Nos façons de penser sont souvent influencées par certains courants culturels, et pour ce qui est des images que nous nous faisons de l'Univers, il en va de même. Nous cédons facilement aux effets de mode qui ont prouvé leur utilité dans des circonstances plus mondaines. Pendant l'Antiquité, on considérait l'Univers soit comme un organisme vivant soit comme l'expression d'une harmonie géométrique immuable. Du temps de Newton et des heureux propriétaires de la pendule à peine inventée, l'Univers était un merveilleux mécanisme d'horlogerie. L'Angleterre victorienne de la révolution industrielle s'enthousiasma pour la machine à vapeur. C'était le paradigme dominant de l'époque. Aujourd'hui, notre vie quotidienne est envahie par la puce et l'ordinateur. Et il semble difficile de faire l'impasse sur ce nouveau modèle qu'est l'ordinateur, grâce auquel on cherche actuellement à comprendre l'Univers.

L'ordinateur nous invite à extraire sa substantifique moelle. Débarrassé de ses accoutrements que sont matériels et logiciels, ce n'est qu'une machine de Turing. Il traite des informations : des corrélations entre suites finies de nombres entiers. Nous pourrions prendre cette image, comme Thomas Kuhn, avec juste ce qu'il faut de bon sens : la plus récente d'une ribambelle de modes que l'on délaissera sitôt que la révolution technologique nous en aura servi une nouvelle sur un plateau. Bien que conscients de cette éventualité, supposons tout de même que le calcul informatique ait une valeur non éphémère. Alors qu'est-ce qui compte le plus à nos yeux ? Voir l'évolution et la structure de l'Univers comme un calcul ou comme une conséquence des lois de la Nature ? Ou bien, en liant les deux idées, considérer ces lois comme une sorte de programme qui rencontrerait un jour le contenu concret de notre Univers. L'image des lois de la Nature comme symétries et invariances, si chère aux physiciens, se fond naturellement dans la vision platonicienne de la réalité mathématique ; l'image du calcul, elle, semble plutôt se rapprocher de la vision constructiviste, plus restreinte.

Le résultat le plus fécond que produit cette image du calcul est qu'elle nous révèle les raisons profondes pour lesquelles la Nature elle-même nous paraît intelligible, la science possible et les mathématiques si efficaces dans la description de la réalité du monde.

Prenons une suite de nombres ou de chiffres. Nous sommes certainement en mesure de la remplacer par un énoncé abrégé contenant les mêmes informations. La suite infinie des nombres 2, 4, 6, 8, 10... pourrait, par exemple, être remplacée par la formule qui définit l'ensemble des nombres pairs. Nous dirons dans ce cas que notre suite est *réductible à un algorithme*. Une suite aléatoire se caractérise par le fait qu'il n'existe pas de formule plus courte qu'elle qui la définisse. Les vraies suites aléatoires ne peuvent se réduire à des formules simples. On dit donc qu'elles ne sont pas réductibles à un algorithme : elles ne peuvent être définies par rien d'autre qu'elles-mêmes.

Autre aspect très intéressant du théorème de Gödel, ses liens avec l'idée de hasard. Ils sont en apparence plutôt surprenants, mais s'avèrent en fin de compte assez profonds. Ils nous permettent non seulement de voir que la question de savoir si une suite de nombres est aléatoire ou non est logiquement indécidable, mais de prouver de façon éclatante, si on pose bien la question, que le théorème de Gödel met effectivement le doigt sur les limites des systèmes axiomatiques.

Supposons deux listes de nombres commençant ainsi : {3, 56, 6, 23, 78...} et {2, 4, 6, 8, 10...}. Comment évaluer à quel point ces suites sont aléatoires ? D'abord, par commodité, nous convertirons les nombres dans le système binaire utilisé par l'ordinateur afin que les suites ainsi obtenues correspondent à des séries de 0 et de 1. Demandons maintenant quelle est la longueur du programme le plus court pouvant produire chacune des suites. La longueur, en termes de bits, s'appelle la *complexité* de la suite. Si une suite est due au hasard et ne contient aucune règle particulière permettant d'obtenir un nombre à partir d'un autre (comme dans notre premier exemple), le programme le plus court sera tout bonnement la suite elle-même. Mais si la suite est ordonnée, le programme nécessaire pour la créer sera beaucoup plus court que la suite infiniment longue que nous avions au départ. Dans le cas de la seconde suite citée comme exemple, le programme se contentera de répondre en fournissant la liste des nombres pairs : {IMPRIMER 2N, N = 1, 2, 3... etc.}.

Une suite est dite *aléatoire* si sa complexité est égale à la longueur de la suite elle-même. Dans ce cas, pour la définir, il faudra donner toute la liste des nombres. Par conséquent, étant donné deux suites aléatoires quelconques de longueur différente, on dira que la plus longue est la plus complexe. Prenons une grande quantité de suites de nombres – des numéros de téléphone, par exemple –, nous verrons que la majorité d'entre eux présente un degré élevé de complexité et qu'il sera plutôt rare de rencontrer des suites de faible complexité.

En gardant à l'esprit cette notion de complexité, imaginons que l'on donne à un ordinateur, dont les programmes comprennent tous les chiffres et toutes les opérations arithmétiques, l'instruction suivante : « Imprimer une suite dont on pourra prouver que la complexité est supérieure à celle de ce programme. » L'ordinateur ne pourra pas répondre. Quelle que soit la suite qu'il est amené à créer, celle-ci doit avoir par définition une complexité inférieure à la sienne : un ordinateur ne peut produire qu'une suite aléatoire *moins* complexe que son propre programme. Nous pouvons désormais exploiter ce dilemme pour démontrer l'existence des propositions indécidables. Choisissons simplement une suite aléatoire, appelons-la R, dont la complexité dépasse celle de l'ordinateur. Une question telle que « Est-ce que R est une suite aléatoire ? » est indécidable pour l'ordinateur. La complexité des deux propositions « R est aléatoire » et « R n'est pas aléatoire » est trop importante pour être interprétée par le système informatique. Les deux ne sont ni vraies ni fausses. Le théorème de Gödel est vrai.

Récemment encore, la succession de découvertes que Gödel avait enclenchée semblait s'être arrêtée. Le puits de l'indécidable semblait tari, laissant ces grandes découvertes s'assécher au soleil, tandis que la marée des mathématiques suivait un autre courant. Mais on inventa, à la fin des années quatre-vingt, de nouvelles façons beaucoup plus simples de démontrer et d'énoncer les théorèmes de Gödel, ce qui permit d'en faire des propositions concernant l'information et la notion de hasard.

On peut associer une certaine quantité d'informations aux axiomes et aux règles de raisonnement qui définissent un système axiomatique donné, et établir que son contenu d'informations a les mêmes dimensions que le programme qui recherche toutes les étapes de déduction possibles et démontre tous les théorèmes possibles. Cette démarche nous conduit à la conclusion que l'on ne peut démontrer le caractère aléatoire d'aucun nombre dont la complexité dépasse celle du système axiomatique. Si l'on cherche à contourner le problème en ajoutant d'autres axiomes ou d'autres règles d'inférence pour augmenter les informations contenues dans le système, il existera toujours des nombres plus grands dont le caractère aléatoire ne pourra être démontré : il y a donc des limites réelles au pouvoir des mathématiques.

Le mathématicien américain Gregory Chaitin a exploré, d'une manière époustouflante, les conséquences de cette idée dans le cadre d'un célèbre problème mathématique. Soit une équation unissant deux (ou plusieurs) quantités, appelons-les X et Y, telles que $X + Y^2 = 1$, sans limiter les valeurs de X et Y aux nombres entiers. Il existera un nombre infini de couples (X, Y) qui la résoudront (X = 3/4 et Y = 1/2, par exemple). Mais supposons que nous ne soyons intéressés que par les solutions où X et Y sont tous deux des nombres entiers positifs. Cela s'appelle un « problème diophantien », en l'honneur de Diophante d'Alexandrie, le plus grand algébriste de l'Antiquité qui fut le premier à utiliser de façon systématique les symboles algébriques, en prenant des signes particuliers pour représenter les quantités inconnues, les réciproques et les puissances. Ces problèmes présentent plus d'une solution. Dans notre exemple élémentaire d'équation diophantienne, les seules solutions sont (X,Y) = (1,0) ou bien (0,1).

On peut créer une autre équation diophantienne qui contiendrait un nombre variable, Q, lequel pourrait avoir n'importe quelle valeur entière 1, 2, 3, 4... et ainsi de suite ; par exemple : $X + Y^2 = Q$, qui nous ramène à l'exemple précédent si Q = 1. Admettons maintenant que l'on crée une équation diophantienne plus compliquée qui contiendrait un nombre N de variables différentes X1, X2, X3,... XN à la place de (X et Y) en plus du nombre fixe Q. Chaitin s'est demandé si une équation de ce type aurait un nombre fini ou infini de solutions constituées de nombres entiers, étant donné toutes les valeurs possibles de Q (Q = 1, 2, 3... et ainsi de suite).

À première vue, cette question apparaît comme une variante mineure de la question plus traditionnelle qui consiste à se demander si cette équation aurait une solution constituée de nombres entiers pour chaque valeur de Q. Mais le problème est infiniment plus difficile à résoudre. On dirait qu'il n'y a pas moyen de donner une réponse. La réponse est aléatoire au sens où, pour résoudre l'équation, il faut une plus grande quantité d'informations que celles que contient le problème. Et elle n'est pas calculable en la réduisant à d'autres faits et axiomes mathématiques. Chaitin représente cet état de choses en formant un nombre *oméga* dont les chiffres sont des suites de nombres binaires 0 et 1 choisis selon le critère suivant : on prend les valeurs de Q les unes après les autres et on écrit 0 si l'équation diophantienne a un nombre fini de solutions, et 1 si elle en a un nombre infini. Le résultat est une suite binaire constituée d'une série de 1 et de 0 comme celle-ci :

*oméga* = 0010010101001011010...

(à l'infini) qui désigne un nombre réel. Chaitin a démontré que *oméga* est un véritable nuage d'inconnu : sa valeur ne peut être calculée sur aucun ordinateur ; aucun logiciel, aussi complexe soit-il, ne peut faire mieux que déterminer une partie finie du nombre infini indispensable pour définir *oméga*. On voit surgir ces limites parce que chaque chiffre caractérisant *oméga* naît de telle façon que, d'un point de vue logique, il est indépendant de tous les autres. Aucune machine fabriquée pour appliquer une procédure ou un programme donné ne possède la dose d'imagination nécessaire pour créer le chiffre suivant qui pourrait figurer dans la suite. À la fin, Chaitin a réécrit ce nombre en mettant une virgule au début :

*oméga* = 0,0010010101001011010...

De cette façon, le nombre permet d'envisager qu'un programme informatique aléatoire dans lequel on aurait inséré des données aléatoires s'arrêtera après un nombre fini d'étapes. Sa valeur est toujours un nombre compris entre (mais non égal à) 0 et 1. Avec la valeur 0 tous les programmes s'arrêteraient, tandis qu'à l'autre extrémité, avec la valeur 1, aucun programme ne pourrait s'arrêter.

Conséquence intéressante de cette modification, si nous choisissons un nombre entier très grand pour les valeurs de Q dans une équation diophantienne comme celle que nous avons prise pour exemple, il n'y a pas moyen de décider si le Qième chiffre binaire du nombre *oméga* est un 0 ou un 1. En outre la même situation se répétera à l'infini quelle que soit la valeur choisie pour Q. Le raisonnement humain ne pourra jamais trouver de réponse à cette question. C'est une question dont la réponse ne correspond à aucun théorème compris dans aucun système formel. Chacune des suites infinies de chiffres qui définissent *oméga* correspond à un fait arithmétique indécidable.

Même l'arithmétique contient une part de hasard.

Certaines de ses vérités ne peuvent être vérifiées que par la recherche expérimentale. Vue sous cet angle, l'arithmétique commence à ressembler à une science expérimentale.

Que des propositions soient inévitablement indécidables, comme on vient de le montrer, s'explique aisément. La logique de l'ordinateur, basée sur l'arithmétique, n'est pas assez complexe pour traiter tout l'éventail des propositions que l'on peut obtenir en utilisant son alphabet. En conséquence de quoi, on ne peut pas décider si le programme que l'on est en train d'utiliser pour exécuter une tâche particulière est le plus court que l'on puisse employer.

Un résultat comme celui-ci fixe des limites à la portée de n'importe quelle approche des lois de la Nature qui se baserait uniquement sur la simplicité. L'équivalent scientifique de la méthodologie formaliste en mathématiques, c'est l'idée selon laquelle, étant donné une suite quelconque d'observations de la Nature, on cherche à les décrire à l'aide d'une loi mathématique universelle. Il se peut qu'il existe une variété de lois capables de produire cette suite de données, mais certaines se révéleront extrêmement artificielles et pas naturelles. D'habitude, les scientifiques préfèrent choisir la loi qui a la plus faible complexité, au sens décrit plus haut, c'est-à-dire qui présente la codification la plus succincte de l'information dans un algorithme. On appelle parfois ce préjugé le « rasoir d'Occam ». On voit tout de suite que cette approche ne nous permettra jamais de démontrer qu'une loi particulière que nous avons formulée sera une description complète de la Nature parce qu'il existera toujours des propositions indécidables entrant dans son cadre ; en d'autres termes, plus généraux, la codification la plus économe des faits n'est jamais démontrable. Cela veut dire que, malheureusement, on ne peut jamais savoir si l'on a découvert ou pas le secret de l'Univers ou si la réduction nécessaire qui reste à faire est un jeu d'enfant ou une entreprise titanesque.

La science existe parce que le monde concret semble réductible à un algorithme. Les formules mathématiques que nous appelons lois de la Nature sont des réductions économiques d'énormes suites de données sur les changements de l'état du monde : voilà ce que nous entendons par *intelligibilité du monde*. Nous pouvons même concevoir un monde dont les phénomènes seraient tous chaotiques et aléatoires (exactement comme certains d'entre eux semblent déjà l'être). En pareil cas, ses propriétés ne pourraient être décrites qu'en établissant une liste d'innombrables suites de phénomènes observés dans le temps. Faire de la science, ce serait un peu comme guetter le passage des trains. Les phénomènes observés posséderaient le caractère unique que nous retrouvons dans le domaine de la créativité artistique. Si l'Univers est une entité unique et nécessaire, nous ne serons peut-être pas surpris de découvrir que, globalement, il s'agit d'une entité qui ne peut être réduite à un algorithme, qui ne peut se concentrer dans une formule abrégée, et qui ne peut être définie que par la description complète de sa suite de phénomènes. La recherche d'une théorie de Tout est l'expression ultime de notre foi dans la réductibilité algorithmique de la Nature.

Nous savons que le monde présente des processus chaotiques particuliers qui ne sont pas réductibles, tout comme il existe des opérations mathématiques qui ne sont pas calculables. Et c'est précisément cette vision fugace du hasard qui nous donne une idée de ce que pourrait être un monde totalement irréductible. Ses scientifiques ne seraient pas des mathématiciens mais des bibliothécaires, qui passeraient leur temps à répertorier les faits les uns après les autres sans montrer les relations qu'ils ont entre eux. Le problème avec les faits, comme a dit un jour quelqu'un, c'est qu'il y en a une quantité faramineuse !

Nous voyons la science comme une tentative de réduction algorithmique du monde de l'expérience, et la recherche d'une théorie unique (qui rendrait compte de tous les phénomènes) comme l'expression ultime de la profonde conviction de certains savants, selon laquelle la structure de l'Univers, dans son ensemble, pourrait être réduite à un algorithme. Mais reconnaissons que l'esprit humain joue un rôle qui n'est pas des moindres dans cette vision des choses. L'apparente réductibilité algorithmique du monde est inextricablement liée à la capacité qu'a l'esprit humain de procéder à des réductions. Le processus permanent de sélection naturelle a, au moins en partie, affiné notre esprit et l'a conduit au stade où il en est actuellement. La sensibilité de l'esprit humain à l'environnement et sa capacité de survie sont évidemment liées à son habileté à procéder aux réductions dont nous parlons. Plus un organisme vivant est capable d'emmagasiner et de codifier sa propre expérience du monde concret, plus il est capable de lutter contre les dangers dont le milieu, qui autrement serait imprévisible, le menace. Dans la phase la plus récente de l'histoire de l'être humain en tant qu'*Homo sapiens*, cette habileté a atteint des degrés très élevés. Nous sommes désormais capables de penser à l'acte même de la pensée. Au lieu d'apprendre simplement par l'expérience, comme cela s'est toujours fait au cours de l'évolution, nous avons la faculté mentale de simuler ou d'imaginer les résultats éventuels de nos actes. Avec ce système, notre esprit simule l'expérience passée en prévision de nouvelles situations. Mais pour faire cela correctement, il faut que le cerveau soit plutôt bien équilibré : il est évident que les facultés mentales doivent être supérieures à un certain niveau pour pouvoir opérer une réduction algorithmique efficace et que nos sens doivent être des récepteurs suffisamment sensibles pour saisir une quantité pertinente d'informations dans l'environnement. Facile à dire, mais pas facile à faire. La raison, nous la devinons. Si nos sens étaient, en fait, si affinés que cela pour tirer toutes les informations possibles de tout ce que l'on voit ou que l'on sent – jusqu'aux moindres particules de l'atome –, notre cerveau serait surchargé d'informations. L'élaboration de la pensée serait plus lente, les délais de réaction plus longs, et il faudrait une série de circuits supplémentaires pour transmettre les informations et les répartir aux différents stades d'intensité et de profondeur.

Le fait que notre esprit accepte d'avoir des limites dans la saisie des informations et dans le développement des capacités d'élaboration signifie que le cerveau effectuerait une réduction algorithmique de l'univers même si celui-ci n'était pas intrinsèquement réductible. En réalité, le cerveau effectue cette opération par fragmentation. Sans aucune aide, nos sens sont uniquement capables d'absorber au maximum une certaine quantité d'informations sur le monde, jusqu'à un certain niveau de résolution et de sensibilité. Même lorsque nous utilisons des senseurs artificiels comme les télescopes et les microscopes pour augmenter le rayon d'action de nos facultés, cette extension présente toujours des limites fondamentales. Ce processus de fragmentation est souvent formalisé et devient une branche des sciences appliquées. Exemple typique en la matière, les statistiques. Lorsque nous étudions un phénomène vaste et compliqué, nous essayons parfois de réduire les informations dont nous disposons en utilisant un échantillon sélectionné. Ceux qui sont chargés de faire un sondage pour savoir pour qui les gens voteront aux élections devraient théoriquement poser la question à tous les électeurs du pays. En réalité, ils ne sondent qu'une partie représentative de la population et, chose surprenante, ils obtiennent invariablement de bonnes prévisions sur les résultats complets du scrutin.

Étant donné que le monde physique est réductible, les mathématiques sont utiles pour le décrire : c'est, en fait, le langage de l'abréviation des suites. L'esprit humain nous permet d'entrer en contact avec ce monde parce que le cerveau possède la capacité de réduire les suites complexes de données sensorielles sous une forme plus brève. C'est grâce à ces abréviations que la pensée et la mémoire existent. Les limites naturelles de sensibilité que la Nature impose à nos organes sensoriels évitent de nous surcharger inutilement d'informations sur le monde. Ces limites fonctionnent comme des soupapes de sécurité pour l'esprit. Mais nous devons encore beaucoup à la remarquable capacité d'exploitation de la réductibilité algorithmique que possède notre cerveau. Et, chose plus surprenante encore, le cerveau est un état encore plus complexe et plus évolué que ce monde même dont il cherche à réduire la complexité, même s'il ne connaît pas encore bien la sienne.

Notre débat sur les mathématiques et le monde s'est de plus en plus rattaché au modèle du calcul. Les progrès de l'industrie informatique et l'abondance des ordinateurs grand public, de petite taille, d'un prix raisonnable et aux grandes performances graphiques, ont évidemment joué un rôle considérable pour créer cette image que nous avons aujourd'hui du monde dans son ensemble, mais ils ont aussi accru l'éventail des problèmes que nous rencontrons. Pendant près de mille ans, les savants ont utilisé les mathématiques très efficacement pour étudier un sous-ensemble particulier de propriétés de l'Univers : la régularité et l'uniformité de la Nature, parce que celles-ci peuvent se mesurer à l'aide de descriptions mathématiques très simples, d'équations que l'on peut résoudre avec un crayon, du papier et de la matière grise. Cette préférence pour les aspects symétriques et prévisibles du monde imprègne les programmes d'enseignement des mathématiques. On montre aux élèves les problèmes linéaires de la physique, les équations solubles des mathématiques, et très vite ceux-ci sont convaincus que chaque équation a toujours une solution. Ce qui est loin d'être vrai. Alors que les lois de la Nature que nous avons découvertes sont, sous de nombreux aspects, vraiment simples, et se fondent sur la conservation de quelque profonde symétrie, il n'est pas dit qu'en général les résultats des lois de la Nature montrent ces mêmes symétries. Ce qui permet de penser qu'un monde évidemment complexe comme le nôtre pourrait être régi, sous tous ses aspects, par un nombre limité de lois simples et symétriques. Imaginons que nous essayons de faire tenir un crayon en équilibre sur sa pointe. Les *lois* qui régissent le mouvement dans l'Univers ne favorisent aucune direction précise (elles sont parfaitement symétriques à cet égard) mais, une fois lâché ou touché, le crayon tombera toujours dans *une certaine* direction : en réalisant ainsi un phénomène qui respecte la loi de la gravité, sa symétrie intrinsèque se rompt. Et c'est cette rupture qui est responsable de la complexité du monde qui nous entoure.

Lorsque les scientifiques ne disposaient pas encore d'ordinateurs interactifs, ils avaient tendance à étudier les conséquences simples, symétriques et solubles des lois naturelles parce que les propriétés des résultats asymétriques sont d'habitude trop compliquées à traiter. Mais les ordinateurs nous permettent de simuler ces résultats « baroques » et de les étudier expérimentalement. L'un des points importants sur lesquels s'est focalisée l'attention de ces études expérimentales a été cet aspect de la complexité non organisée que l'on connaît maintenant sous le nom de « théorie du chaos ».

Pour simplifier, disons que les systèmes chaotiques sont des systèmes qui font preuve d'une grande sensibilité aux changements mineurs. Si on modifie, même de façon à peine perceptible, l'état actuel d'un système chaotique, en très peu de temps il se comportera d'une manière complètement différente de ce qu'il aurait fait si on ne l'avait pas dérangé. Beaucoup de choses familières correspondent à cette description : le temps, les systèmes économiques, les équilibres écologiques et les rapports humains. Et c'est justement parce qu'il n'est jamais possible de connaître *exactement* et en tout lieu l'état actuel de n'importe quel système physique que l'inévitable ambiguïté se transforme aussitôt en une incertitude envahissante. C'est la raison pour laquelle, même si en théorie nous connaissons les lois exactes de la Nature qui régissent l'évolution des phénomènes atmosphériques, en réalité nous ne pouvons pas faire de prévisions précises à cent pour cent sur le temps qu'il fera demain pour la raison que nous ne connaissons déjà pas bien le temps qu'il fait aujourd'hui. Nous savons seulement ce que nous disent les stations météorologiques situées à cinquante ou cent kilomètres les unes des autres. Les variations éventuelles entre une station et l'autre, les différences de relevé, font que les prévisions sont très variées, même d'un jour à l'autre.

Au cours des dix dernières années, nous avons vu s'épanouir, grâce aux petits ordinateurs interactifs, l'étude des systèmes chaotiques. Ces systèmes ne peuvent être étudiés en détail à l'aide d'équations simples et de matière grise puisqu'ils sont trop complexes. Une nouvelle matière, les « mathématiques expérimentales », a donc vu le jour. Elle observe le comportement des systèmes complexes grâce à la simulation par ordinateur. Je crois qu'à l'avenir son influence gagnera tous les secteurs des mathématiques, même ces zones des mathématiques pures qui semblent les plus éloignées d'elles.

Imaginons une carte où seraient regroupées toutes les vérités mathématiques. Les plus faciles, celles dont les démonstrations sont courtes, sont les plus proches ; les plus difficiles, celles dont les démonstrations sont longues, sont les plus distantes. Les mathématiques, sans aucune aide, ne peuvent atteindre que quelques parcelles de vérité. Les vérités mathématiques les plus profondes et, de ce fait sans doute les plus intéressantes, pourraient être celles qui sont hors de portée des calculs que pourrait accomplir l'être humain, celles qui ont un rayon de centaines, de milliers, voire de milliards d'années. Des mathématiciens se sont déjà servis de l'ordinateur pour explorer la structure du monde abstrait des mathématiques avec des démonstrations inédites et insolites qui montrent à quel point la technologie informatique est entrée dans l'univers de la simulation vidéo et de la réalité artificielle. Pour savoir si une création mathématique possède une propriété particulière, on crée sur ordinateur une réalité virtuelle – une simulation – de la configuration de la géométrie et de la logique de ce monde hypothétique. Puis on l'explore pour établir si, par l'observation, il possède les propriétés mathématiques que l'on cherche à découvrir. Ces récents progrès heurteront probablement la sensibilité de bien des hommes de l'art. Mais cette situation est-elle si différente de celle où se trouve normalement la science ? On ne peut pas démontrer la loi de la gravité. Notre conviction se trouve tout bonnement renforcée au fur et à mesure des confirmations permanentes de nos prévisions. Les pommes continuent de tomber des arbres, n'est-ce pas, selon la loi de la gravitation de Newton, mais cela ne nous assure pas qu'un jour elles ne se mettront pas à faire quelque chose d'autre. Et qu'il ne nous restera plus qu'à contempler, bouche bée, les résultats de la loi de la lévitation de Newton...

Pour conclure, revenons à l'image de départ. L'Univers ne serait qu'un énorme ordinateur ; les lois de la Nature, des sortes de programmes utilisés par une machine constituée de particules élémentaires et d'énergie, comme notre monde matériel. Cette image s'éloigne assez de la façon de voir les choses qui inspire généralement les physiciens. Pendant plus de quinze ans, les chercheurs en physique des particules ont accompli d'énormes progrès en voyant l'Univers comme une grande symétrie – un kaléidoscope – de schémas abstraits qui s'imbriqueraient les uns dans les autres dont la conservation équivaut à l'affirmation des lois de la Nature. La recherche d'une « théorie de Tout » globalisante correspond à la recherche d'une symétrie unique, universelle, à l'intérieur de laquelle pourraient être insérées toutes les lois de la Nature que nous connaissons déjà et qui en seraient ses composantes. Cette vision de l'Univers s'appuie sur deux fondements : la foi dans la suprématie des lois symétriques (qui prévoient cependant les résultats asymétriques) et la *continuité* du substrat sous-jacent de l'espace et du temps.

Le modèle qu'est le calcul est très différent. Il ne fait pas appel à la symétrie comme loi primaire et, concentré qu'il est sur l'élaboration de « petits bouts » (bits) d'informations, il adopte une vision discrète et discontinue du substrat du monde. Par le passé, la physique avait centré presque toutes ses recherches sur la continuité du changement. Mais il se pourrait très bien qu'au niveau le plus microscopique, le substrat de l'espace et du temps ne constitue pas une continuité. Si c'est le cas, je crois qu'il faudra ouvrir une véritable boîte de Pandore remplie de complexité insoupçonnée pour connaître l'organisation mathématique du monde : car les mondes discontinus, aussi surprenant que cela puisse paraître, ne sont pas simplement plus compliqués que les continus. Ils sont *infiniment* plus compliqués. Si nous cherchons à savoir combien de transformations mathématiques il y a entre tous les nombres réels et tous les nombres réels, nous découvrirons l'existence d'un ordre d'infinité plus élevé que le nombre des fonctions continues. La continuité fixe des limites très restrictives à l'éventail des possibilités de changement. Nous devrons peut-être abandonner cette simplification si nous voulons voir l'Univers comme un vaste « programme » plutôt que comme un grand « schéma ». À la fin, il s'agira d'établir si les lois de la physique fixent des restrictions aux capacités extrêmes d'un processus de calcul en en limitant la vitesse, l'objectif et la précision ; ou bien si ces soi-disant lois ne sont que de vagues extrapolations des lois générales du calcul qui régissent un Univers essentiellement discontinu.

# Bibliographie


Barrow J.D., *The World Within the World*, Oxford, Oxford University Press, 1988.

Barrow J.D., « The Mathematical Universe », *The World and I Magazine*, mai 1989, p. 306.

Barrow J.D., *Pi in The Sky*, Oxford, Oxford University Press, 1992.

Barrow J.D., *La Grande Théorie : Les limites d'une explication globale en physique*, traduit de l'anglais par M. Cassé et M. Paulus, Paris, Albin Michel, 1994.

Barrow J.D. et Tipler F.J., *L'Homme et le cosmos : Le principe anthropique en astrophysique moderne*, Paris, Imago, 1984.

Barrow J.D. et Silk J., *La Main gauche de la Création*, éd. Londreys, 1984.

Benacerraf P. et Putnam H. (sous la dir. de), *Philosophy of Mathematics : Selected Readings*, Englewood Cliffs, Prentice-Hall, 1964. 2e édition revue et augmentée, Cambridge, Cambridge University Press, 1983.

Bennett C.H., « The Thermodynamic of Computation – A Review », *International Journal of Theoretical Physics*, nº 21, 1982, p. 905.

Bennett C.B. et Landauer R., « The Fundamental Physical

Limits of Computation », *Scientific American*, n° 1, p. 48 et 253, n° 4, p. 6, 1985.

Birkhoff G., « The Mathematical Nature of Physical Theories », *American Scientist*, n° 31, 1943, p. 281.

Bolton H.J. et Macleod D.N., « The Geometry of " Sriyantra " », *Religion*, n° 7, 1977, p. 66.

Bourbaki N., « The Architecture of Mathematics », *American Mathematical Monthly*, n° 57, 1950, p. 221.

Boyer C.B., *A History of Mathematics* (1968), revue par U. C. Merzbach, John Wiley and Sons, New York, 1989.

Brouwer L.E.J., « Intuitionism and Formalism », *Bulletin of the American Mathematical Society*, n° 30, 1913, p. 81.

Chaitin G., *Algorithmic Complexity*, Cambridge, Cambridge University Press, 1988.

Dantzig T., *Le Nombre, langage de la science*, traduit de l'anglais par G. Cros, Paris, Blanchard, 1974.

Davies P.C.W., *Why is the Universe Knowable ? in* R.E. Mickens (sous la dir. de), *Maths and Science*, Oxford, Oxford University Press.

Davis P.J. et Hersh R., *L'Univers mathématique*, traduit de l'américain par L. Chambadal, Paris, Gauthier-Villars/Bordas, 1987.

Deutsch D., « Quantum Theory, The Church-Turing Principle and The Universal Quantum Computer », *Proceedings of the Royal Society*, A/400, 1985, p. 97.

Flegg G., *Numbers : Their History and Meaning*, Londres, A. Deutsch, 1983.

Gödel K., *Sur les propositions formellement indécidables des « Principia Mathematica » et des systèmes apparentés I*, 1931, *in Le Théorème de Gödel*, ouvrage collectif, trad. de l'anglais et de l'allemand par J.-B. Scherrer, Paris, Sources du Savoir/Éd. du Seuil, 1989.

Hadamard J., *Essai sur la psychologie de l'invention dans le domaine mathématique*, traduit de l'anglais par J. Hadamard, Les grands classiques Gauthier-Villars, 1978.

Hardy G.H., « Mathematical Proof », *Mind*, n° 30, 1929, p. 1.

Harel D., *Algorithmics : The Spirit of Computing*, New York, Addison Wesley, 1987.

De Heinzelin J., « Ishongo », *Scientific American*, n° 206, 1972, p. 105.

Hofstadter D., *Gödel Escher Bach : les Brins d'une guirlande éternelle*, Paris, InterÉditions, 1985. Version française de J. Henry et R. French.

Ifrah G., *Histoire universelle des chiffres*, Paris, Seghers, 1982.

Ifrah G., *Les Chiffres*, Paris, Robert Laffont, 1985.

Kitcher P., *The Nature of Mathematical Knowledge*, Oxford, Oxford University Press, 1984.

Kline M., *Mathematics in Western Culture*, Harmondsworth, Penguin, 1972.

Kneebone G.T., *Mathematical Logic and The Foundations of Mathematics : An Introductory Survey*, Londres, Van Nostrand, 1963.

Kramer E.E., *The Nature and Growth of Modern Mathematics*, Princeton, Princeton University Press, 1981.

Kulaichev A.P., « " Sriyantra " and Its Mathematical Properties », *Indian Journal for the History of Science*, n° 19, 1984, p. 279.

Kulkarni R.P., *Geometry According to Sulba Sutra*, Vaidika Samsodhana Mandala, Pure, 1983.

Maddy P., *Realism in Mathematics*, Oxford, Oxford University Press, 1990.

Mandelbrot B.B., *Les Objets fractals*, 3e éd. revue et augmentée, Paris, Flammarion, Coll. Champs, 1995.

Menninger K., *Zahlwort und Ziffer : eine Kulturgeschichte der Zahl*, Göttingen, Vandenhoeck und Rupnecht, 2 vol., 1957-1979.

Neugebauer O., *Les Sciences exactes dans l'Antiquité*, traduit de l'américain par P. Souffrin, Arles, Actes Sud, 1990.

Penrose R., *L'Esprit, l'ordinateur et les lois de la physique*, traduit de l'anglais par F. Balibar et C. Tiercelin, Paris, InterÉditions, 1992.

Richards J., *The Reception of a Mathematical Theory : Non-Euclidean Geometry in England 1868-1883*, *in* B. Barnes, S. Shapin, *Natural Order : Historical Studies of Scientific Culture*, Beverly Hills, Sage Publications, 1979.

Seidenberg A., « The Diffusion of Counting Practises », *University of California Publications in Mathematics*, n° 3, 1960, p. 216.

Seidenberg A., « The Ritual Origin of Counting », *Archive for the History of Exact Sciences*, n° 2, 1962, p. 1.

Srinivasiengar C.N., *The History of Ancient Indian Mathematics*, Calcutta, The World Press, 1967.

Stewart I., *Les Mathématiques*, traduit de l'anglais par F. Gallet, Paris, Pour la science/Belin, 1990.

Turing A., « On Computable Numbers, with an Application to the " Entscheidungsproblem " », *Proceedings of the London Mathematical Society*, n° 42, 1936, p. 230-265 et 546.

Tymoczko T., « The Four-Colour Problem and Its Philosophical Significance », *Journal of Philosophy*, n° 76, 1979, p. 57.

Van der Waerden B.L., *Erwachende Wissenschaft*, Bâle, Birkhauser.

Van Stigt W.P., *Brouwer's Intuitionism*, Amsterdam, Elsevier-North Holland, 1990.

Wang H., *Kurt Gödel*, traduit de l'américain par L. Ovion et M. Mériaux, Paris, Armand Colin, 1990.

Wigner E., « The Unreasonable Effectiveness of Mathematics in the Natural Sciences », *Communications in Pure and Applied Mathematics*, n° 13, 1960, p. 1.

Wilder R.L., *Evolution of Mathematical Concepts,* New York, Wiley, 1973.

Wilder R.L., *Introduction to The Foundations of Mathematics,* New York, Wiley, 1967.

Yates F., *Giordano Bruno et la tradition hermétique,* traduit de l'anglais par M. Rolland, Paris, Dervy-Livres, 1988.

Zaslavsky C., *Africa Counts,* Boston, Prindle, Weber and Schmidt, 1973.

Zurek W. (sous la dir. de), *Complexity, Entropy and The Physics of Information,* Redwood City, Addison-Wesley, 1990.

# Table

Dans la collection « Poches Odile Jacob »

N° 1 : Aldo Naouri, *Les Filles et leurs mères*
N° 2 : Boris Cyrulnik, *Les Nourritures affectives*
N° 3 : Jean-Didier Vincent, *La Chair et le Diable*
N° 4 : Jean François Deniau, *Le Bureau des secrets perdus*
N° 5 : Stephen Hawking, *Trous noirs et bébés univers*
N° 6 : Claude Hagège, *Le Souffle de la langue*
N° 7 : Claude Olievenstein, *Naissance de la vieillesse*
N° 8 : Édouard Zarifian, *Les Jardiniers de la folie*
N° 9 : Caroline Eliacheff, *À corps et à cris*
N° 10 : François Lelord, Christophe André, *Comment gérer les personnalités difficiles*
N° 11 : Jean-Pierre Changeux, Alain Connes, *Matière à pensée*
N° 12 : Yves Coppens, *Le Genou de Lucy*
N° 13 : Jacques Ruffié, *Le Sexe et la Mort*
N° 14 : François Roustang, *Comment faire rire un paranoïaque ?*
N° 15 : Jean-Claude Duplessy, Pierre Morel, *Gros Temps sur la planète*
N° 16 : François Jacob, *La Souris, la Mouche et l'Homme*
N° 17 : Marie-Frédérique Bacqué, *Le Deuil à vivre*
N° 18 : Gerald M. Edelman, *Biologie de la conscience*
N° 19 : Samuel P. Huntington, *Le Choc des civilisations*
N° 20 : Dan Kiley, *Le Syndrome de Peter Pan*
N° 21 : Willy Pasini, *À quoi sert le couple ?*
N° 22 : Françoise Héritier, Boris Cyrulnik, Aldo Naouri, *De l'inceste*
N° 23 : Tobie Nathan, *Psychanalyse païenne*
N° 24 : Raymond Aubrac, *Où la mémoire s'attarde*
N° 25 : Georges Charpak, Richard L. Garwin, *Feux follets et champignons nucléaires*
N° 26 : Henry de Lumley, *L'Homme premier*
N° 27 : Alain Ehrenberg, *La Fatigue d'être soi*
N° 28 : Jean-Pierre Changeux, Paul Ricœur, *Ce qui nous fait penser*
N° 29 : André Brahic, *Enfants du Soleil*
N° 30 : David Ruelle, *Hasard et Chaos*
N° 31 : Claude Olievenstein, *Le Non-dit des émotions*
N° 32 : Édouard Zarifian, *Des paradis plein la tête*
N° 33 : Michel Jouvet, *Le Sommeil et le Rêve*
N° 34 : Jean-Baptiste de Foucauld, Denis Piveteau, *Une société en quête de sens*
N° 35 : Jean-Marie Bourre, *La Diététique du cerveau*
N° 36 : François Lelord, *Les Contes d'un psychiatre ordinaire*
N° 37 : Alain Braconnier, *Le Sexe des émotions*
N° 38 : Temple Grandin, *Ma vie d'autiste*

N° 39 : Philippe Taquet, *L'Empreinte des dinosaures*
N° 40 : Antonio R. Damasio, *L'Erreur de Descartes*
N° 41 : Édouard Zarifian, *La Force de guérir*
N° 42 : Yves Coppens, *Pré-ambules*
N° 43 : Claude Fischler, *L'Homnivore*
N° 44 : Brigitte Thévenot, Aldo Naouri, *Questions d'enfants*
N° 45 : Geneviève Delaisi de Parseval, Suzanne Lallemand, *L'Art d'accommoder les bébés*
N° 46 : François Mitterrand, Elie Wiesel, *Mémoire à deux voix*
N° 47 : François Mitterrand, *Mémoires interrompus*
N° 48 : François Mitterrand, *De l'Allemagne, de la France*
N° 49 : Caroline Eliacheff, *Vies privées*
N° 50 : Tobie Nathan, *L'Influence qui guérit*
N° 51 : Éric Albert, Alain Braconnier, *Tout est dans la tête*
N° 52 : Judith Rapoport, *Le Garçon qui n'arrêtait pas de se laver*
N° 53 : Michel Cassé, *Du vide et de la création*
N° 54 : Ilya Prigogine, *La Fin des certitudes*
N° 55 : Ginette Raimbault, Caroline Eliacheff, *Les Indomptables*
N° 56 : Marc Abélès, *Un ethnologue à l'Assemblée*
N° 57 : Alicia Lieberman, *La Vie émotionnelle du tout-petit*
N° 58 : Robert Dantzer, *L'Illusion psychosomatique*
N° 59 : Marie-Jo Bonnet, *Les Relations amoureuses entre les femmes*
N° 60 : Irène Théry, *Le Démariage*
N° 61 : Claude Lévi-Strauss, Didier Éribon, *De près et de loin*
N° 62 : François Roustang, *La Fin de la plainte*
N° 63 : Luc Ferry, Jean-Didier Vincent, *Qu'est-ce que l'homme ?*
N° 64 : Aldo Naouri, *Parier sur l'enfant*
N° 65 : Robert Rochefort, *La Société des consommateurs*
N° 66 : John Cleese, Robin Skynner, *Comment être un névrosé heureux*
N° 67 : Boris Cyrulnik, *L'Ensorcellement du monde*
N° 68 : Darian Leader, *À quoi penses-tu ?*
N° 69 : Georges Duby, *L'Histoire continue*
N° 70 : David Lepoutre, *Cœur de banlieue*
N° 71 : Université de tous les savoirs 1, *La Géographie et la Démographie*
N° 72 : Université de tous les savoirs 2, *L'Histoire, la Sociologie et l'Anthropologie*
N° 73 : Université de tous les savoirs 3, *L'Économie, le Travail, l'Entreprise*
N° 74 : Christophe André, François Lelord, *L'Estime de soi*
N° 75 : Université de tous les savoirs 4, *La Vie*
N° 76 : Université de tous les savoirs 5, *Le Cerveau, le Langage, le Sens*
N° 77 : Université de tous les savoirs 6, *La Nature et les Risques*

N° 78 : Boris Cyrulnik, *Un merveilleux malheur*
N° 79 : Université de tous les savoirs 7, *Les Technologies*
N° 80 : Université de tous les savoirs 8, *L'Individu dans la société d'aujourd'hui*
N° 81 : Université de tous les savoirs 9, *Le Pouvoir, L'État, la Politique*
N° 82 : Jean-Didier Vincent, *Biologie des passions*
N° 83 : Université de tous les savoirs 10, *Les Maladies et la Médecine*
N° 84 : Université de tous les savoirs 11, *La Philosophie et l'Éthique*
N° 85 : Université de tous les savoirs 12, *La Société et les relations sociales*
N° 86 : Roger-Pol Droit, *La Compagnie des philosophes*
N° 87 : Université de tous les savoirs 13, *Les Mathématiques*
N° 88 : Université de tous les savoirs 14, *L'Univers*
N° 89 : Université de tous les savoirs 15, *Le Globe*
N° 90 : Jean-Pierre Changeux, *Raison et Plaisir*
N° 91 : Antonio R. Damasio, *Le Sentiment même de soi*
N° 92 : Université de tous les savoirs 16, *La Physique et les Éléments*
N° 93 : Université de tous les savoirs 17, *Les États de la matière*
N° 94 : Université de tous les savoirs 18, *La Chimie*
N° 95 : Claude Olievenstein, *L'Homme parano*
N° 96 : Université de tous les savoirs 19, *Géopolitique et Mondialisation*
N° 97 : Université de tous les savoirs 20, *L'Art et la Culture*
N° 98 : Claude Hagège, *Halte à la mort des langues*
N° 99 : Jean-Denis Bredin, Thierry Lévy, *Convaincre*
N° 100 : Willy Pasini, *La Force du désir*
N° 101 : Jacques Fricker, *Maigrir en grande forme*
N° 102 : Nicolas Offenstadt, *Les Fusillés de la Grande Guerre*
N° 103 : Catherine Reverzy, *Femmes d'aventure*
N° 104 : Willy Pasini, *Les Casse-pieds*
N° 105 : Roger-Pol Droit, *101 Expériences de philosophie quotidienne*
N° 106 : Jean-Marie Bourre, *La Diététique de la performance*
N° 107 : Jean Cottraux, *La Répétition des scénarios de vie*
N° 108 : Christophe André, Patrice Légeron, *La Peur des autres*
N° 109 : Amartya Sen, *Un nouveau modèle économique*
N° 110 : John D. Barrow, *Pourquoi le monde est-il mathématique ?*
N° 111 : Richard Dawkins, *Le Gène égoïste*
N° 112 : Pierre Fédida, *Des bienfaits de la dépression*
N° 113 : Patrick Légeron, *Le Stress au travail*
N° 114 : François Lelord, Christophe André, *La Force des émotions*
N° 115 : Marc Ferro, *Histoire de France*

N° 116 : Stanislas Dehaene, *La Bosse des maths*
N° 117 : Willy Pasini, Donato Francescato, *Le Courage de changer*
N° 118 : François Heisbourg, *Hyperterrorisme : la nouvelle guerre*
N° 119 : Marc Ferro, *Le Choc de l'Islam*
N° 120 : Régis Debray, *Dieu, un itinéraire*
N° 121 : Georges Charpak, Henri Broch, *Devenez sorciers, devenez savants*
N° 122 : René Frydman, *Dieu, la Médecine et l'Embryon*
N° 123 : Philippe Brenot, *Inventer le couple*
N° 124 : Jean Le Camus, *Le Vrai Rôle du père*
N° 125 : Elisabeth Badinter, *XY*
N° 126 : Elisabeth Badinter, *L'Un est l'Autre*
N° 127 : Laurent Cohen-Tanugi, *L'Europe et l'Amérique au seuil du XXIe siècle*
N° 128 : Aldo Naouri, *Réponses de pédiatre*
N° 129 : Jean-Pierre Changeux, *L'Homme de vérité*
N° 130 : Nicole Jeammet, *Les Violences morales*
N° 131 : Robert Neuburger, *Nouveaux Couples*
N° 132 : Boris Cyrulnik, *Les Vilains Petits Canards*
N° 133 : Christophe André, *Vivre heureux*
N° 134 : François Lelord, *Le Voyage d'Hector*
N° 135 : Alain Braconnier, *Petit ou grand anxieux ?*
N° 136 : Juan Luis Arsuaga, *Le Collier de Néandertal*
N° 137 : Daniel Sibony, *Don de soi ou partage de soi*
N° 138 : Claude Hagège, *L'Enfant aux deux langues*
N° 139 : Roger-Pol Droit, *Dernières nouvelles des choses*
N° 140 : Willy Pasini, *Être sûr de soi*
N° 141 : Massimo Piattelli Palmarini, *Le Goût des études ou comment l'acquérir*
N° 142 : Michel Godet, *Le Choc de 2006*
N° 143 : Gérard Chaliand, Sophie Mousset, *2 000 ans de chrétientés*
N° 144 : Alain Bentolile, *Tout sur l'école*
N° 145 : Christian De Duve, *À l'écoute du vivant*
N° 146 : Didier Pleux, *De l'enfant roi à l'enfant tyran*
N° 147 : Robert Rochefort, *Vive le papy-boom*
N° 148 : Dominique Desanti, Jean-Toussaint Desanti, *La Liberté nous aime encore*
N° 149 : François Roustang, *Il suffit d'un geste*
N° 150 : Howard Buten, *Il y a quelqu'un là-dedans*

N° 151 : Catherine Clément, Tobie Nathan, *Le Divan et le Grigri*
N° 152 : Antonio R. Damasio, *Spinoza avait raison*
N° 153 : Bénédicte de Boysson-Bardies, *Comment la parole vient aux enfants*
N° 154 : Michel Schneider, *Big Mother*
N° 155 : Willy Pasini, *Le Temps d'aimer*
N° 156 : Jean-François Amadieu, *Le Poids des apparences*
N° 157 : Jean Cottraux, *Les Ennemis intérieurs*
N° 158 : Bill Clinton, *Ma vie*
N° 159 : Marc Jeannerod, *Le Cerveau intime*
N° 160 : David Khayat, *Les Chemins de l'espoir*
N° 161 : Jean Daniel, *La Prison juive*
N° 162 : Marie-Christine Hardy-Baylé, Patrick Hardy, *Maniaco-dépressif*
N° 163 : Boris Cyrulnik, *Le Murmure des fantômes*
N° 164 : Georges Charpak, Roland Omnès, *Soyez savants, devenez prophètes*
N° 165 : Aldo Naouri, *Les Pères et les Mères*
N° 166 : Christophe André, *Psychologie de la peur*
N° 167 : Alain Peyrefitte, *La Société de confiance*
N° 168 : François Ladame, *Les Éternels Adolescents*

*Imprimé en France sur Presse Offset par*

**BRODARD & TAUPIN**

GROUPE CPI

La Flèche (Sarthe), le 06-10-2005
N° d'impression : 32074
N° d'édition : 7381-1242-1
Dépôt légal : février 2003